Q

4977

ANALYSE

DES OPINIONS DIVERSES

SUR

L'ORIGINE DE L'IMPRIMERIE.

ANALYSE

DES OPINIONS DIVERSES

SUR

L'ORIGINE DE L'IMPRIMERIE,

Par DAUNOU,

MEMBRE DE L'INSTITUT NATIONAL,

Lue à la séance de l'Institut national,
le 2 floréal an 10.

PARIS.

RENOUARD, Libraire, rue Saint-André-des-Arcs,
n° 42.
BAUDOUIN, Imprimeur de l'Institut national,
rue de Grenelle-Saint-Germain, n° 1131.

FRIMAIRE AN XI.

ANALYSE

DES OPINIONS DIVERSES

SUR

L'ORIGINE DE L'IMPRIMERIE.

Nous sommes trop près encore des premiers jours de l'imprimerie pour mesurer son influence ; nous en sommes déjà trop loin pour connaître avec certitude les circonstances de son origine. Il est difficile de prévoir ses derniers bienfaits, et de discerner ses premières tentatives. Mais l'intérêt qu'excite un art dont la puissance aujourd'hui si vaste, peut s'accroître encore, excuse au moins les efforts même infructueux qui tendent à éclaircir ses annales. Puisqu'on lui doit tant, puisqu'on en espère davantage, puisqu'il est devenu le principal véhicule de l'instruction, son histoire tient étroitement à celle de l'esprit humain. Rechercher en quel lieu, en quel temps et par qui fut inventé un tel art, ce n'est pas seulement une curiosité légitime, c'est aussi de la reconnaissance.

Pour s'instruire sur ces questions, je pense qu'il faut examiner, 1°. les premières productions de l'art d'imprimer; 2°. les témoignages de ceux qui l'ont vu naître; 3°. les divers systèmes des écrivains qui ont traité cette matière. Mais, avant d'entreprendre ce triple examen, il est sans doute à propos qu'entre des procédés très-différens qui produisent des effets à peu près semblables, on détermine celui ou ceux à qui l'on donnera le nom d'*imprimerie*.

En effet, pour former le type des copies qu'on veut tirer d'un même discours, on peut employer ou une planche fixe, solide, d'une seule pièce, ou des caractères mobiles : ces caractères peuvent être de bois ou de métal, et, dans le second cas, sculptés ou fondus.

On appelle *xylographique* l'impression opérée par des planches de bois, et en général *tabellaire* celle qui provient de planches solides : ce n'est là que la gravure appliquée à la représentation du discours écrit.

Mais, pour qu'il y ait *typographie* proprement dite, suffit-il que les caractères soient mobiles, ou bien faut-il qu'ils soient métalliques et même fondus ? On pourrait dire qu'il ne s'agit là que d'une définition purement nominale et conventionnelle ; cependant il me semble que la seule idée d'employer des caractères mobiles quelconques a donné naissance à un art véritablement nouveau. Ce fut sans doute une conception grande et féconde, que celle de tailler des poinçons, de frapper des matrices, de fondre des lettres séparées ; tandis que la seule mobilité des types est une pensée tellement simple et immédiate, qu'il est étonnant qu'elle ait été si tardive (1). Mais nous

---

(1) On a remarqué avec raison que l'idée des caractères mobiles est exprimée dans ce texte de Cicéron (*De nat. Deor.* lib. II) : *Hic ego non mirer esse quemquam qui sibi persuadeat..... mundum effici.... ex concursione fortuita ! Hoc qui existimet fieri potuisse, non intelligo cur non idem putet, si innumerabiles unius et viginti formae litterarum, vel aureae, vel qualeslibet, aliquo conjiciantur, posse*

n'avons point à déterminer ici quel pas a été le plus grand ; il est question de reconnaître le premier, c'est-à-dire, celui par lequel la typographie est sortie du cercle de la gravure. Or ce pas, il faut l'avouer, c'est la mobilité des caractères.

Après avoir distingué ces divers procédés, nous avons à considérer d'abord les plus anciennes productions ou xylographiques ou typographiques, celles qui sont ou qui ont passé pour être antérieures à l'année 1457. Je m'arrête à cette époque, parce que c'est celle où parut le premier livre qui porte une date certaine ; savoir, le premier psautier de Mayence.

---

ex his in terram excussis, annales Ennii, ut deinceps legi possint, effeci.

Voyez sur ce passage les observations de Toland, intitulées : *Conjectura vero similis de prima typographiæ inventione*, observations insérées p. 904-910 du tom. II des *Monumenta typographica* Chr. Wolfii, *Hamburgi*, Herold, 1740. 2 vol. in-8°. — Et p. 297-303 de la *Collection of Several pieces of J. Toland*, London, 1726, in-8°. *Concludendum*, dit Toland, *quod si hujus inventi suggestio ab ullo antiquorum manaverit, ea Ciceroni imprimis tribuenda videatur.*

Meerman (1) place à la tête des plus anciennes productions typographiques celle qu'il désigne sous le nom de *Horarium*. Le seul exemplaire connu est un morceau de parchemin trouvé à Harlem, imprimé des deux côtés, offrant sur chaque côté quatre petites pages, sur chaque page neuf courtes lignes, et contenant les lettres de l'alphabet, l'oraison dominicale avec quelques autres prières. Les grandes initiales manquent; quelques lettres, comme *ce, de*, sont liées deux à deux. Cette feuille a été, selon Meerman, exécutée en caractères mobiles de bois par Laurent Janssoen, dit Coster, à Harlem, vers 1430.

On connaît mieux certains livres avec figures, imprimés plusieurs fois dans le quinzième siècle. Voici les principaux, ceux qu'on croit les plus anciens.

Biblia pauperum, sive figurae veteris et novi Testamenti. (40 planches de figures et textes) (2).

―――――――――――――――――――――――

(1) Tom. I, cap. 4, et t. II, tab. 1 *Origin. typograph. Hagæ comitum*, 1765. 2 vol. in-4°.

(2) Voyez p. 292 de l'*Idée générale d'une collection d'estampes*, par Heinecken. 1771. in-8°. — Pag.

C'est un recueil de figures accompagnées de quelques textes. Chaque planche contient quatre bustes, deux en haut, deux en bas, trois sujets historiques et diverses inscriptions. Les deux bustes supérieurs représentent des prophètes ou d'autres personnages dont les noms sont toujours écrits au-dessous. Les deux bustes inférieurs sont anonymes. Des trois sujets, l'un est tiré du *Nouveau Testament* ; c'est le type ou sujet principal : il occupe le milieu de la page, entre les deux anti-types. On appelle ainsi les deux autres sujets qui font allusion au premier. Les inscriptions distribuées en haut et en bas sont des textes de la *Bible* et des vers léonins.

Ainsi, dans la 40ᵉ planche, les deux bustes de David et d'Isaïe, accolés et placés au milieu de la partie supérieure de la page, séparent deux textes, l'un du *Cantique des Cantiques*, l'autre de l'*Apocalypse*. On voit au-dessous des deux bustes le type,

---

61 des *Recherches sur l'imprimerie*, par Lambinet. Bruxelles, Flon, an 7. in-8°. — Pag. 296 du tom. IV de Schelhorn : *Amœnitates litterariæ*, etc. Francofurti, 1725 et seq. 14 vol. in-8°.

c'est-à-dire, Dieu couronnant un élu; au-dessous des deux textes, les deux anti-types qui sont, d'une part, la fille de Sion couronnée par son époux; de l'autre, un ange qui parle à saint Jean. La partie inférieure de la planche présente, sous le type, deux bustes anonymes; sous les anti-types ces vers: *Laus anime vere spoasum bene sensit habere*, et *Sponsus amat sponsam Christus nimis et speciosam*. Enfin on lit sous les deux bustes anonymes: *Tum gaudent anime sibi quando bonum datur omne*.

Chaque planche est ainsi partagée en trois tranches inégales. L'intermédiaire, qui est la plus grande, offre le type entre les deux anti-types; la supérieure, deux textes de la *Bible*, séparés par deux bustes; l'inférieure, deux bustes encore qui séparent deux vers léonins, et qui en dominent un troisième.

Les feuillets ne sont imprimés que d'un côté : ils sont, dans la plupart des exemplaires, collés deux à deux et dos à dos. Une lettre de l'alphabet placée sous les deux premiers bustes, indique le rang de chaque planche. Après que les lettres, depuis *a* jusqu'à *v*, ont été employées pour les vingt premiers feuillets, elles recommencent pour les vingt autres, mais accompagnées de deux points, .*a*. .*b*., etc.

On compte cinq éditions latines de la *Bible des pauvres*. La cinquième est facile à distinguer; elle a 50 planches. Les quatre autres ne se distinguent que par des différences légères; il est difficile de déterminer la plus ancienne : c'est peut-être celle qui n'a point de lettres pour marquer l'ordre de ses feuillets.

Tout annonce que, dans ces éditions, les textes sont, comme les figures, gravés au moyen de planches de bois. Il faut en dire autant des quatre articles qui vont suivre.

Historia Joannis Evangelistæ cum ipsius visionibus apocalypticis. (48 planches de figures et textes, imprimées d'un seul côté.) (1).

Presque toutes les planches sont divisées en deux parties; les textes sont fort courts.

---

(1) Heinecken, *ibid.* p. 334. — Lambinet, *ibid.* p. 64. — Laire, t. 1, p. 1 du *Catal. de Brienne*, ou *Index libror. ab invent. typogr. ad ann.* 1500, etc. 1791. 2 vol. in-8°.

On distingue six éditions de ce livre : Heinecken regarde comme la plus ancienne celle dont il a trouvé un exemplaire dans l'abbaye de Gotwic en Autriche. Les titres qui indiquent l'ordre des feuillets ne sont pas les mêmes dans toutes les éditions de cet ouvrage.

Historia seu providentia virginis Mariæ, ex Cantico Canticorum (16 planches de figures et textes, imprimées d'un seul côté (1).

Chaque planche offre deux sujets : les textes qui sont très-courts, se lisent sur des rouleaux qui couronnent les personnages, ou qui sortent de leurs bouches, quelquefois dans leurs mains. On discerne deux éditions sans date de ce livre (2).

Ars memorandi notabilis per figuras evangelistarum, sive *Memoriale 4 evangelistarum*. (30 planches, 15 de figures, 15 de texte, imprimées d'un seul côté.) (3).

---

(1) Heineck. p. 375. — Laire, t. 1, p. 3. — Lambinet, p. 66.

(2) L'exemplaire de la Bibliothèque nationale est d'une édition postérieure à ces deux-là ; il est daté de 1470. Les feuillets y sont imprimés des deux côtés.

(3) Heineck. p. 394. — Lambinet, p. 63.

Les feuillets qui contiennent les textes sont cotés par des lettres de l'alphabet. Le caractère est très-grand. Il ressemble aux lettres qu'on voit sur les tombeaux dans les anciennes églises. On cite deux éditions de ce livre; dans la seconde, l'encre est moins pâle, et le dessin moins informe.

Ars moriendi sive *De tentationibus morientium*. (24 planches, 11 de figures, 13 de texte, imprimées d'un seul côté.) (1).

Entre sept éditions de cet ouvrage, toutes sept latines, non datées et xylographiques, on regarde comme la plus ancienne celle que distinguent la réunion des circonstances suivantes.

La préface occupe les deux premiers feuillets, les 22 autres se partagent en 11 de texte et 11 de figures. Quand le texte devient trop long, le caractère est plus petit dans les dernières lignes. L'encre est fort pâle. Le dessin des figures est lourd et chargé. Elles offrent toutes, dans la partie

---

(1) Heineck. p. 399. — Lambinet, p. 67. — Dav. Clément, p. 143 du t. II de la *Biblioth. curieuse, histor. et crit.* etc. 1750-1760. 9 vol. in-4°.

inférieure, la maison du mourant, sa cave remplie de tonneaux, et un cheval qu'on lui amène pour son voyage. Dans la partie supérieure, le malade, étendu sur un lit, est entouré d'anges, de diables, de quelques autres personnages. Les dix premières figures représentent alternativement une tentation diabolique et une inspiration angélique en sens contraire. Dans la dernière figure, les démons vaincus expriment leur rage par des attitudes hideuses (1).

Speculum salutis, sive *humanæ salvationis*. (63 feuillets imprimés d'un seul côté, 5 de préface, et 58 avec figures.) (2).

C'est un recueil d'histoires principalement tirées de la *Bible*. Le texte est une prose latine en lignes rimées, dans le goût de celles-ci, qui sont les deux premières :

Prohemium cujusdam incipit nove compilationis,
Cujus nomen et titulus est humane salvationis.

---

(1) Il ne faut pas confondre l'*Ars moriendi* ou les Tentations des mourans, avec un autre livre d'images moins ancien, et intitulé : *Tentationes dæmonis.* (Voyez Meerman, t. I, p. 239.)

(2) Heineck. p. 432. — Lambinet, p. 70.

On attribue cette compilation à un moine du treizième ou du quatorzième siècle.

Chacun des 58 derniers feuillets est orné en haut d'une vignette historique, gravée en bois, et qui réunit dans un encadrement gothique deux sujets qu'un mince pilier sépare.

Il y a deux éditions sans date du *Speculum salutis* : la plus ancienne se détermine par le nombre des feuillets qui est de 63, et par leur distribution en cinq cahiers. La préface y est imprimée à longues lignes; mais les textes qui sont au bas des 58 vignettes sont sur deux colonnes. Ces textes ne paraissent pas tous imprimés par le même procédé. Les uns (1) sont purement xylographiques; leur empreinte est aussi forte sur les verso que celle des vignettes; les autres semblent imprimés avec des caractères de fonte. Heinecken conclut de là que cette édition, quoique la première, n'est pas aussi ancienne qu'on le pense, et qu'elle pourrait avoir été exécutée par un ouvrier de Guttemberg et de Faust, peut-être après 1457.

---

(1) Les feuillets 6, 7, 9, 10, 11, 12, 13, 14, 15, 16, 18, 19, 21, 22, 26, 27, 31, 32, 51, 61.

Toutes les productions que je viens d'indiquer sont sans date, sans nom d'auteur ni d'imprimeur, sans indication de lieu. Les figures sont faites grossièrement et au simple trait ; les textes sont en caractères gothiques.

Je n'ai parlé que des éditions latines. Parmi les traductions que l'on a faites de ces ouvrages en idiomes modernes, une seule pourrait mériter ici quelque attention ; c'est l'édition du *Miroir du salut* en langue belgique, que Meerman (1) donne pour la seconde production (2) des presses de Laurent Coster à Harlem, et qu'il déclare exécutée avec des caractères mobiles de bois. Mais personne ne partage aujourd'hui cette opinion ; la pâleur de l'encre, la forme des caractères, toutes les circonstances annoncent une impression xylographique ; rien n'autorise à supposer un autre procédé. Entre cette édition et celles que Meerman lui-même croit imprimées avec des planches solides, la ressemblance est parfaite.

---

(1) Tom. I, p. 80 et 117 ; t. II, tab. 3.

(2) La première est l'*Horarium*, ci-dessus, p. 5.

Plusieurs autres livres d'images ont été décrits par Meerman et par Heinecken; mais, quoique xylographiques, ils peuvent n'être pas antérieurs à 1457. Les plus remarquables sont :

Historia beatæ Mariæ ex evangelistis et patribus excerpta et per figuras demonstrata. (16 planches de textes et figures.)

Le livre (allemand) de l'*Antechrist*. (39 planches de textes et figures) (1).

Sujets tirés de la Bible in-4°. (32 figures, dont chacune est accompagnée de quinze vers allemands.)

La *Chiromancie du docteur Hartlieb* (en allemand). 24 feuillets imprimés des deux côtés, avec figures (2).

Après ou avec ces recueils de textes et de figures, on place au nombre des plus an-

---

(1) Quelques exemplaires qui sont datés 1472 paraissent appartenir à une seconde édition. Celle qu'on donne pour la première contient des citations de certains ouvrages qui n'ont été imprimés qu'après 1460, mais qui étaient composés depuis la fin du treizième siècle.

(2) La date 1448 qu'on trouve à la première page est celle de la composition ou de la traduction de l'ouvrage, bien plutôt que de l'impression.

ciennes productions de l'imprimerie, diverses éditions d'un abrégé de grammaire qu'on appelle *Donat*, parce qu'on le considère comme principalement extrait des ouvrages d'un écrivain de ce nom. Les premières éditions de cet opuscule sont, dit-on, de Harlem et de Mayence. Je n'ajoute point celle de Rome dont il ne reste aucun fragment, et qu'il convient d'ailleurs de regarder comme postérieure à l'année 1457 et même 1460. Elle est le premier essai de Sweynheym et Pannartz, dont la seconde production, savoir, l'édition de *Lactance* à Subiaco, n'est que de 1465.

Meerman décrit trois *Donats* qu'il dit de Harlem, et dont il a fait graver des fragmens (1); il attribue le troisième aux héritiers de Laurent Coster, et soutient que les deux premiers ont été imprimés en caractères mobiles de bois par Coster lui-même. Ces trois *Donats* sont in-4°. et sans date, ainsi que ceux qu'on croit de Mayence, et dont Panzer ne portait le nombre qu'à trois.

Ce bibliographe (2) indique d'abord celui

---

(1) Tom. II, tab. 2, 4 et 6.
(2) Tom. II, p. 139, *Annal. typogr.* Norimbergæ, 1793-1802. 10 vol. in-4°.

qui est connu par les deux planches de bois que l'on conserve aujourd'hui à la bibliothèque nationale (1). Le caractère est gothique; ces pages ne ressemblent d'ailleurs à aucun des trois fragmens de Harlem gravés dans l'ouvrage de Meerman.

Le second *Donat* de Mayence, mentionné par Panzer, est d'un caractère semblable à celui de la bible sans date, qu'on croit imprimée dans la même ville. Le troisième se rapproche davantage de la *Bible* de 1462, et des *Offices de Cicéron* de 1465, du moins quant aux lettres initiales.

Le cit. Fischer, bibliothécaire à Mayence (2), vient de faire connoître des fragmens de trois éditions de *Donat*, éditions certainement différentes de celles que Meerman a décrites, et peut-être aussi distinctes de celles que Panzer a indiquées.

---

(1) Ces planches viennent du cabinet de La Vallière; on en voit des épreuves au t. II de son *Catalogue*. L'une a vingt lignes, l'autre seize; elles appartiennent peut-être à deux éditions différentes.

(2) *Magasin encyclopédique*, septième année, t. III, p. 475. — Oberlin, p. 21 de l'*Exercice public de bibliographie*. Strasbourg, an 9. in-8º.

Le premier de ces fragmens paraît purement xylographique : on en juge ainsi à cause de l'égalité des lignes, de l'inégalité des lettres, de leurs angles tranchans, et de quelques autres circonstances. Les caractères n'ont qu'une ligne et demie de hauteur, ce qui annonce une autre édition que celle à laquelle ont servi les deux planches de la Bibliothèque nationale; car la hauteur des caractères de ces planches excède deux lignes.

Le second fragment est annoncé par le citoyen Fischer comme imprimé avec des caractères isolés, et sculptés en bois. On y trouve des lettres renversées; les caractères ont deux lignes de hauteur.

Ceux du troisième fragment n'en ont qu'une. Ils proviennent, a-t-on dit, de types mobiles et métalliques, taillés. Le citoyen Oberlin n'admet point cette conjecture (1). Il pense que la réunion de deux lettres, telles que *ce*, *de*, etc., a été pratiquée dans les caractères taillés en bois : il pouvait ajouter un fait bien plus sûr; c'est que cette réunion a lieu dans l'une des deux planches fixes que

---

(1) Le citoyen Fischer paraît y avoir renoncé depuis.

la bibliothèque nationale possède : les lettres *ce* et quelquefois *do* y sont liées ensemble dans les mots *docear*, *doceantur*, etc.

Aux livres avec figures et aux *Donats*, Meerman fait succéder quelques ouvrages latins, sortis, selon lui, de l'imprimerie de Harlem, après la mort de Laurent Coster, c'est-à-dire, après 1440. Tels sont les *Combats d'Alexandre-le-Grand*, l'*Abrégé de Vedatus* (Végèce) *sur l'art militaire*, le *Livre des Hommes illustres*, par S. Jérôme, les *Œuvres de Thomas A-Kempis*, éditions faites avec des caractères de bois, sculptés et séparés, s'il en faut croire Meerman (1).

C'est au même procédé que Mercier de Saint-Léger (2) attribuait les *Confessionalia*, livret plus cité que décrit, mais que ce bibliographe avait cru reconnaître dans un in-4°. de vingt-quatre pages, intitulé : *Confessio brevis et utilis tam confessori quàm confitenti* (3). C'est, dit-on, l'une des pre-

---

(1) Tom. 1, cap. 6 et 7, et t. II, tab. 7.

(2) Page 3 du *Supplément à Prosper Marchand*, seconde édition. Paris, Pierres, 1775. in-4°.

(3) Mercier, *ibid*, dit qu'on trouve à Sainte-Geneviève cette *Confessio generalis*, reliée avec un Donat

mières productions de l'imprimerie de Guttemberg à Mayence.

On a souvent compté au nombre des livres sortis des mêmes presses, une *Grammaire latine* d'Alexandre de Ville-Dieu, accompagnée ou séparée de la logique de Pierre d'Espagne ; une *Table abécédaire* à l'usage des écoles, et même un *Catholicon* : mais ces éditions n'existent plus, ou du moins l'on a peine à les discerner parmi les éditions sans date que l'on a de ces ouvrages.

L'édition d'Alexandre de Ville-Dieu, que Meerman (1) croyait exécutée à Mayence avec des caractères volés à Laurent Janssoen, Panzer (2) la rend aux presses de Harlem, et la désigne comme contemporaine du troisième des *Donnats*, publiés dans cette ville. L'on ne retrouve plus l'*Abécédaire*, et enfin l'on a peine à se persuader que Guttemberg ait réellement imprimé, avant 1450, un ou-

---

du même caractère. Ce volume, qui serait fort précieux, a échappé à toutes les recherches que j'ai faites pour le retrouver dans la bibliothèque du Panthéon.

(1) Tom. I, chap. 4.
(2) T. I, p. 456.

vrage aussi étendu que le *Catholicon* de Balbi (1). Il en existe bien trois éditions non

---

(1) La Somme ou le *Catholicon* du Génois Jean Balbi, ou de Balbis, renferme une grammaire latine assez étendue et un plus long dictionnaire. La grammaire a quatre parties, dont la première traite de l'orthographe, la seconde de la prosodie, la troisième des noms et des verbes, la quatrième du barbarisme, du solécisme, des tropes, de la période. Ces quatre parties, qui comprennent cent trente-trois chapitres, sont suivies du lexique. On peut s'étonner qu'un si volumineux ouvrage ait été souvent confondu avec de simples livrets d'école ; mais les noms de *somme*, *vocabulaire*, etc., qui lui sont communs avec ces opuscules, ont donné lieu à cette erreur. C'est ainsi que Laire (ind. 1, p. 59) annonce une édition du *Catholicon* de Balbi, publiée, dit-il, à Mayence par Bechtermuncze, en 1467, in-4°, dont il dit avoir vu à Cologne un exemplaire acheté depuis par la Bibliothèque nationale. Cet exemplaire existe en effet dans cette bibliothèque ; mais ce n'est point un *catholicon*, c'est le vocabulaire latin-allemand, dont l'intitulé commence par *ex quo*, et qui a été réimprimé in-folio en 1469, à Mayence, par Nicolas Bechtermuncze. Ainsi, d'une part, l'édition de 1469 du vocabulaire *ex quo*, que l'on donne pour la première, n'est réellement que la seconde ; et, de l'autre, il n'existe point d'édition du *Catholicon* par Bechtermuncze, à Mayence, en 1467. Cette méprise qui a

datées; mais l'une semble peu antérieure à
1486 (1) ; une autre est aujourd'hui assez
généralement attribuée à Mentellin, imprimeur à Strasbourg (2). Quant à celle qui a
cinquante - six lignes par page, et qui est
chiffrée depuis 1 jusqu'à 12 à la quatrième
partie du volume (3), cette dernière circons-
tance ne permet guère de la mettre au nombre des plus anciens essais de l'art typographique.

On s'accorde davantage à faire sortir des
premières presses de Mayence, sinon les
statuta moguntina (4), du moins une lettre
du pape Nicolas V (5), et l'une des bibles

---

passé de l'*Index* de Laire dans les *Annales typographiques* de Panzer, t. II, p. 117, n° 13, a été re-
marquée par le citoyen van-Praet, l'un des conserva-
teurs de la Bibliothèque nationale, et l'un des premiers bibliographes de l'Europe.

(1) Panzer, t. IV, p. 92, n° 151.
(2) *Id.* t. I, p. 79.
(3) *Id.* t. IV, p. 92, n° 150.
(4) *Statuta provinciali- antiqua et nova moguntina*,
in-4° de cinquante feuillets, caract. goth. décrit par
Seemiller, p. 72 du second fascicule de *Bibliothecæ
Ingolstadiensis incunabula typogr.* etc. Ingolstad.
1787, etc. 4 fasc. in-4°.
(5) *Litteræ indulgentiarum Nicolai V pont. max.*

latines sans date; je veux parler de celle qui a deux volumes in-fol. 637 feuillets en tout, 40 lignes au moins en chaque colonne, 42 au plus, et dont le caractère ressemble à celui du Psautier de 1457 (1). Il existe à Paris trois exemplaires de cette bible : l'un aux Quatre-Nations, et les deux autres à la Bibliothèque nationale ; sur l'un de ces derniers, on lit des notes manuscrites qui apprennent que cet exemplaire a été enluminé et relié en 1456.

Une autre Bible a été quelquefois annoncée comme la plus ancienne de toutes, et attribuée aussi aux presses de Guttemberg, à Mayence : c'est celle qui a 870 feuillets, et 36 lignes par colonne. On la distingue par le nom de *Bible de Schelhorn*, parce que ce bibliographe est le premier qui l'ait dé-

---

pro rege Cypri datæ *Erffurdiæ*, anno 1454, 15 nov. Le caractère est semblable à celui du *Rationale Durandi* de 1459, mais un peu plus grand. On connaît quatre exemplaires de cette édition qu'on dit être de 1455 ou même de 1454.

(1) Freytag. *Analect. litterar. de libris rarioribus*, p. 115. *Lipsiæ*, 1750. in-8°. — D. Clément, t. IV, p. 62. — Meerman, t. II. p. 284. — Heineck. p. 261. — Panzer, t. II, p. 137.

crite (1). On pense aujourd'hui qu'elle a été exécutée à Bamberg par Albert Pfister, vers 1461 ; les observations que le citoyen Camus (2) a publiées sur cette Bible, et sur sa ressemblance avec les livres de Bamberg, ont rendu cette opinion très-vraisemblable.

Ces deux Bibles passent assez généralement pour antérieures à toutes celles qui, comme elles, ne sont point datées, et dont les plus anciennes paraissent avoir été imprimées entre 1460 et 1470, à Basle, à Cologne, à Strasbourg ou à Ausbourg (3).

Mais on désigne plusieurs autres livres comme imprimés à Strasbourg, sinon avant 1445, époque où Guttemberg quitta cette ville, du moins dans les années qui suivirent immédiatement son départ.

---

(1) *De antiquis. latin. Bibl.* Ulmæ, 1760. in-4°. — Panzer, t. III, p. 136.

(2) *Notice d'un livre imprimé à Bamberg*, p. 30. Paris, Baudoüin, an 7. in-4°.

(3) Le nombre des *Bibles latines* sans date, aujourd'hui connues, peut être porté à plus de quinze, en y comprenant celle de Mayence et celle de Bamberg. Après ces deux-là, voici les sept qu'on peut regarder comme les plus anciennes :

Biblia latina, in-fol. goth. 2 col. 427 feuillets,

Schoepflin (1) cite d'abord onze feuillets in-4°. intitulés, *Gesta Christi*, édition que

---

49 lignes par colonne. On la croit de Mentellin, à Strasbourg, vers 1466, même vers 1462, selon Braun, p. 5 et 6 du premier fascicule de *Notitia de libris ante annum 1500*, etc. *Augustæ Vindelicorum*. 1788 et 1789. 2 fascic. in-4°.

Bibl. lat. in-fol. 2 col. 424 f. 56 l. caractères du Vincent de Beauvais, imprimé à Strasbourg par Mentellin, en 1473.

Bibl. lat. 2 vol. in-fol. goth. 2 col. 328 et 312 f. 41 l. (d'Eggesteyn à Strasbourg, vers 1467.)

Bibl. lat. 2 vol. in-fol. goth. 2 col. 248 et 244 f. 45 l. (aussi d'Eggesteyn; un exemplaire offre la date manuscrite de 1468.)

Bibl. lat. 2 vol. in-fol. goth. 2 col. 249 et 244 f. 45 l. (on l'a cru long-temps imprimée par Baëmler à Ausbourg; elle est attribuée aux presses d'Eggesteyn, par Braun, t. 1, p. 118, et par Panzer, t. 1, p. 82. Panzer croit qu'il n'existe point de *Bible* d'Ausbourg sans date.)

Bibl. lat. in-fol. goth. 2 col. le premier volume ayant 216 f. 50 l. (Basle, Berthold Rodt, entre 1460 et 1465, selon Braun, t. 1, p. 53 et 54.)

Bibl. lat. 2 vol. in-fol. goth. 2 col. 345 et 334 f. 42 l. (Cologne, Ulric Zell, vers 1466.)

(1) Page 39 de l'ouvrage qui a pour titre : *Vindiciæ typographicæ*: Argentorati, 1790. in-4°.

Panzer (1) relègue avec celles dont rien n'indique ni le lieu ni le temps. Il en est de même d'une explication de l'oraison dominicale, qui fait partie d'un in-fol. de quinze feuillets (2).

On n'a guère plus de renseignemens ni sur l'in-folio que Schoepflin (3) appelle *Consuetud'es feudorum*, ni sur le livre *De missa* qu'il dit (4) composé de vingt-huit feuillets (5), ni enfin sur le *Soliloquium Hugoni*, dont il a fait graver une page (6).

Quant au Psautier latin in-12, mentionné

---

(1) Tom. IV, p. 110.

(2) *Henrici de Hassia expositio super dominicam orationem, xv foliis, per Columellas impressa.* Telle est la citation de Schoepflin, p. 39. Cet opuscule se trouve réuni à plusieurs autres du même auteur dans une collection que Panzer annonce comme inséparable, et composée de 15 feuillets in-fol. (*Annales typogr.* t. IV, p. 138.)

(3) Page 39.

(4) *Ibid.*

(5) Panzer, t. IV, p. 162, n°. 814, indique : *Declaratio et repraesentatio missae*, in-4°. de 28 feuillets, caract. goth., sans aucune conjecture sur le temps ni sur le lieu de l'impression.

(6) *Vind. typogr.* tab. 2.

aussi par Schoepflin (1) au nombre des anciennes éditions strasbourgeoises, Panzer (2) le revendique pour Nuremberg, et ne le croit pas antérieur à 1470.

Il y a plus de raison de croire que le traité *De judaeorum et christianorum communione* (3) a été réellement imprimé à Strasbourg ; mais les caractères sont ceux de Martin Flach (4), dont les premières éditions datées ne commencent qu'en 1475.

On doit vraisemblablement au même Flach une édition du *Pastoral* du pape Grégoire (5),

---

(1) Page 40.

(2) Tom. IV, p. 180, n° 1011, et p. 388, n° 340 b. Ce *Psautier* est un petit in-8° ayant 16 lignes par page, d'un caractère gothique. C'est, selon Panzer, l'un des premiers essais typographiques de Koberger, à Nuremberg.

(3) Schoepflin, p. 39.

(4) Braun, 1, p. 34. — Panzer, t. 1, p. 89.

(5) *Gregorii pape liber regule pastoralis*, petit in-4° semi-goth. 152 f. 24 l. — Bien décrit par Debure, *Bibliogr. instruct.* n° 495. — Voyez aussi Fournier, *Dissertation sur l'origine de l'imprimerie*, etc. Paris, Barbou, 1759. in-8°, p. 40-43 et 84. — Mercier de Saint-Léger, *Journal de Trévoux*, août 1763, p. 2047, etc.

que Naudé (1) faisait remonter aux premiers temps de l'imprimerie de Mayence.

J'ai déja parlé du *Catholicon* qu'on croit imprimé par Mentellin (2). C'est, selon toute apparence, l'une des plus anciennes éditions de Strasbourg. Quelques bibliographes la disent antérieure à celle de Mayence, datée de 1460 (3). Meerman et Mercier de Saint-Léger (4) trouvent cette conjecture très-hasardée; elle est au moins dénuée de preuves positives.

Schoepflin (5) allègue encore un livre de Lotaire ou Innocent III sur la misère de la condition humaine (6); il soutient que la

---

(1) Chap. 7 de l'*addition à l'histoire de Louis XI*. Paris, 1630. in-8°.

(2) *Joannis (Balbi) Januensis Catholicon*, in-fol. caract. semi-goth. 2 col. 370 f. 47 l.

(3) La souscription ne contient le nom d'aucun imprimeur. Plusieurs bibliographes croient que cette édition est de Schoeffer et de Faust; d'autres la donnent à Guttemberg.

(4) Meerman, *Orig. typogr.* t. II, p. 98. — Mercier, *Supplément à Prosper Marchand*, p. 20.

(5) Page 40, tab. 1.

(6) *Liber de miseria humanæ conditionis Lotarii diaconi, qui postea Innocentius III appellatus est*, anno 1448. in-fol.

date 1448 qu'on lit au commencement de ce volume, exprime la véritable époque de son impression. On convient assez que l'édition est de Strasbourg, mais on doute fort qu'elle soit antérieure à 1470; la date ne paraît convenir qu'au manuscrit d'après lequel on l'a faite (1).

Beaucoup d'autres livres portent des dates antérieures à 1457; mais toutes ces dates sont depuis long-temps reconnues ou pour fausses, ou pour celles de la composition, ou de la traduction, ou de la transcription de ces ouvrages. Personne ne croit plus qu'on ait réellement imprimé, en 1443, le roman composé par Æneas Sylvius (2); en 1446, les sermons de Léonard d'Udine (3); en 1452

---

(1) Panzer, t. 1, p. 97.

(2) *Historia de duobus amantibus Eurialo et Lucretia*, ouvrage de Piccolomini ou Æneas Sylvius, depuis Pie II. Une édition de Leyde, in-4°, est datée 1443, sans doute au lieu de 1483, comme l'explique Meerman, t. II, p. 293. Ces erreurs ne sont pas très-rares.

(3) C'est l'année où ce prédicateur Dominicain mit par écrit ses sermons *De sanctis*. Cette date 1446 se retrouve jusque dans les éditions où l'imprimeur a d'ailleurs mis la sienne, comme dans l'édition de

et 1453, les Actes des Conciles de Wursbourg (1), etc. etc.

Si nous rejetons ces dates fautives, si nous écartons aussi et les éditions citées par Schoepflin, et celles dont aucun exemplaire n'est aujourd'hui connu, il ne restera plus au nombre des livres qui sont ou peuvent être antérieurs à 1457, que quatre classes de productions : 1º. des livres avec figures; 2º. des livrets d'église ou d'école; 3º. quelques autres opuscules, comme la lettre de Nicolas V; 4º. un seul ouvrage d'une grande étendue; savoir, la Bible (2).

Or, si l'on nous demande quels sont, sur ces quatre sortes de livres, les résultats les

---

Cologne en 1473. L'édition (de Mayence) qui ne porte que la date de 1446, n'est vraisemblablement que de 1475. (Panzer, t. II, p. 142.)

(1) 1452 et 1453 sont les dates de la tenue de ces conciles. (*Esprit des journaux*, mars 1780, p. 225. — Panzer, t. I, p. 461. — Camus, *Notice d'un livre imprimé à Bamberg*, p. 30 et 31.)

(2) Je n'ajoute pas le *Catholicon*, puisque, selon toute apparence, l'édition qui porte la date de 1462 a précédé celle de Mentellin, la plus ancienne des non-datées.

plus vraisemblables de la plupart des observations bibliographiques :

Nous dirons que la Bible de 637 feuillets nous semble à la fois la plus ancienne de toutes les Bibles, et le principal fruit de l'association de Guttemberg et de Faust, entre 1450 et 1455 ; nous ajouterons qu'une telle entreprise exigea sans doute beaucoup de travaux, et nous nous abstiendrons de déterminer, dans le cours de ces cinq années, l'époque précise où parut cette importante édition.

Nous dirons que cette Bible, et peut-être la lettre de Nicolas V, sont les premiers produits des caractères de fonte ; nous reconnaîtrons le même procédé dans les statuts de Mayence, et nous ne déciderons point d'ailleurs si ces statuts ont précédé ou suivi le Psautier de 1457.

Nous dirons que parmi les *Donats* sans date, quelques-uns sont probablement sortis des presses de Guttemberg, entre 1445 et 1450 ; mais, dans ces premiers *Donats* de Mayence, nous ne verrons que des impressions xylographiques, aussi bien que dans ceux qui paraissent avoir été publiés auparavant en Hollande et spécialement à Harlem.

Nous regarderons comme des productions plus anciennes encore et de la xylographie et de la même ville de Harlem, quelques livrets sans figures, et sur-tout certains livres composés de textes et d'images. Mais, dans ce dernier genre de livres, nous aurons soin d'en distinguer, qui, bien qu'exécutés avec des planches de bois, sont moins âgés que des ouvrages imprimés en caractères de fonte (1). Nous craindrons même d'attribuer trop d'ancienneté au *Speculum salutis* : production mixte, xylographique et typographique à la fois, bien postérieure peut-être aux travaux de la société de Faust et de Guttemberg (2).

Ainsi, dans Harlem, ou plus généralement en Hollande, des éditions xylographiques même avant 1440; à Mayence, des *Donats* xylographiques entre 1445 et 1450; dans la même ville de Mayence, une Bible imprimée en caractères de fonte, entre 1450 et 1455 : voilà, ce semble, les monumens les plus importans parmi ceux qui sont ou qui ont passé pour être les premiers produits de l'imprimerie.

---

(1) Voyez ci-dessus, p. 9, note (2).
(2) Heineck, p. 447.

Ces résultats ne sont pas tellement constans, qu'ils n'aient besoin d'être fortifiés par des témoignages contemporains : j'appelle ainsi des actes publics, des écrits privés, les textes de quelques écrivains qui auraient assisté à la naissance ou aux premiers progrès de l'imprimerie, de ceux même qui, venus plus tard, se diraient instruits par des témoins oculaires dont ils rapporteraient les dépositions.

Parmi ces diverses pièces, celle dont la date est la plus ancienne est l'une de celles dont la découverte est la plus récente. C'est une lettre écrite, en 1424, par Guttemberg, et publiée, en 1801, par les citoyens Fischer et Bodmann. Elle est signée par Henne (Jean) Genssefleich, dit Sulgeloch, qui écrit de Strasbourg à sa sœur Berthe, religieuse de Sainte-Claire à Mayence. Il n'y est pas question d'imprimerie, mais d'affaires de famille. On s'en sert pour prouver que Guttemberg était riche, et qu'il séjournait à Strasbourg en 1424 (1).

On le trouve à Mayence en 1430. On a

---

(1) Fischer, p. 24 de l'*Essai sur les mon. typog. de Gutt.* Mayence, an X. in-4°.

du moins sous cette date un acte d'accommodement entre la noblesse et la bourgeoisie de Mayence, dans lequel Henne Guttemberg est nommé avec la qualité de noble.

La richesse du même Guttemberg se conclut d'un second acte daté par lui de 1434, où, après avoir mis au nombre de ses débiteurs plusieurs citoyens, consuls et sénateurs de Mayence, il consent à laisser sortir de prison le greffier Nicolas qui lui doit 310 florins, mais qu'il tient quitte par égard pour le sénat de Strasbourg qui l'en a prié. Schoepflin (1) a tiré cet acte du protocole des contrats de Strasbourg.

Dans les archives de la même ville, Schoepflin (2) a retrouvé les dépositions de dix-sept témoins durant le procès que Guttemberg soutint, en 1439, contre Georges Dritzehen. Ce qui nous intéresse dans cette longue enquête, c'est qu'il y est question d'un art secret dont Guttemberg avait promis de donner connaissance à ses associés, d'une presse à deux vis qu'il redemanda, qu'il ordonna sur-tout de tenir cachée, qu'il fit

---

(1) *Vindiciæ typogr.* p. 3 des pièces justificatives.
(2) *Ibid.* p. 5.

même ouvrir pour briser les formes, pour rompre les pages, afin que personne ne pût y rien voir, ou du moins y rien comprendre. Le jugement déclare que Jean Genssfleich de Mayence, dit Guttemberg, demeurant à Strasbourg, se trouvait, par la convention faite entre lui et ses associés, débiteur envers eux d'une somme de cent florins, mais que cette somme est réduite à 15 par le serment que fait Guttemberg d'en avoir payé 85 à André, décédé avant le procès.

Deux actes de constitution de rentes, passés en 1441 et 1442, font voir que Guttemberg habitait alors Strasbourg, et qu'il y jouissait d'une assez grande fortune (1).

Son séjour dans la même ville, depuis 1439 jusqu'en 1445, est encore prouvé par les rôles d'impositions (2).

Un acte souscrit du notaire Helmasperger, à Mayence, en 1455, concerne un procès entre Guttemberg et Faust. Ce dernier demandoit 2020 florins, formant le capital et les intérêts des sommes par lui avancées à Guttemberg pour des travaux typographi-

---

(1) *Ibid.* p. 27.
(2) *Ibid.* p. 40.

ques. Guttemberg observait que les 800 premiers florins n'avaient point été livrés tous à la fois comme la convention l'exigeait : il ajoutait qu'ils avaient été absorbés par les seuls préparatifs ; il offrait de rendre compte des 800 autres florins, et refusait les intérêts. Le serment fut déféré à Faust; on condamna Guttemberg à payer les intérêts et la partie du capital qui se trouverait avoir été employée à son profit personnel (1).

Après cette pièce, l'ordre chronologique en amène une dont la publication récente est due au citoyen Fischer (2). C'est un acte fait en faveur du couvent de Sainte-Claire, à Mayence, par les frères Jean et Friele Genssfleich. Ils renoncent aux biens qui ont passé à ce couvent par leur sœur Hebele. La clause la plus importante est celle par laquelle Henne Genssfleich de Sulgeloch, dit Gudinberg, déclare qu'il se propose de donner aux religieuses les livres qu'il a déjà imprimés à

---

(1) Fournier, *Dissert. sur l'origine de l'imprimerie*, p. 116. — Meerman, t. II, p. 58.

(2) *Description de quelques raretés bibliographiques*, n° 1, 1802. in-8° — Oberlin, *Exercice de bibliogr.*

cette heure (c'est-à-dire en 1459), et ceux qu'il pourra imprimer à l'avenir.

Pour prouver que Guttemberg étoit encore à Mayence en 1465, on cite un acte portant cette date, où il est admis au nombre des courtisans-pensionnés de l'archevêque Adolphe (1).

C'est de cet archevêque que Conrad Humery reconnaît, par une lettre du 25 février 1568, avoir reçu les presses et les instrumens de Guttemberg (2), après la mort de celui-ci.

Je passe aux témoignages qu'on peut recueillir dans les ouvrages des écrivains du quinzième siècle; et, pour suivre l'ordre des temps où ces ouvrages paroissent avoir été composés, je commence par le texte qu'on a extrait (3) d'un manuscrit latin, daté de 1459, et conservé dans la bibliothèque de Cracovie. L'auteur, nommé Paul de Prague, nous représente l'imprimerie comme établie à Bamberg, avant cette époque. Son texte

---

(1) Prosper Marchand, *Hist. de l'imprimerie.* La Haye, 1740. in-4°. part. II, p. 13.

(2) *Ibid.*

(3) *Bibliot. polon.* 1-88. — Camus, *Notice d'un livre imprimé à Bamberg.* p. 55.

n'est d'ailleurs pas très-clair; il est encore moins élégant. *Libri pagus*, dit-il, *est artifex sculpens subtiliter in laminibus æreis, ferreis ac ligneis solidi ligni atque aliis imagines, scripturam et omne quodlibet, ut priùs imprimat papyro, aut parieti, aut asseri mundo. Scindit omne quod cupit, et est homo faciens talia cum picturis; et tempore mei Bambergæ quidam sculpsit integram bibliam super lamellas, et in quatuor septimanis totam bibliam in pergamena subtili præsignavit sculpturam.*

Je ne m'arrêterai point aux auteurs qui, comme François Philelphe, Jean André, évêque d'Aleric, etc., se contentent d'attribuer à l'Allemagne la gloire de l'invention de l'imprimerie, sans désigner plus particulièrement l'époque, le lieu, l'inventeur; je laisse aussi vingt-quatre mauvais vers que Pierre Schoeffer a placés à la suite de la souscription de la première édition des Institutes de Justinien en 1468 : ces vers indiquent Mayence comme le berceau de l'imprimerie, Guttemberg, Faust, et Schoeffer lui-même (1), comme les inventeurs. On ne

---

(1) *Quos genuit ambos urbs Maguntina Joannes Librorum insignes prothocaragmaticos.*

trouve guère plus de détails dans une chronique imprimée à Rome, en 1474, chez Philippe de Lignamine (1) : on y lit seulement, sous l'année 1458, que Jacques surnommé Cutembero, natif de Strasbourg, et un autre, nommé Fustus, imprimaient à Mayence avec des formes de métal, *cum metallicis formis*, et que le même procédé était pratiqué à Strasbourg par Jean Mentellin. Pierre Schoeffer n'est point mentionné.

La chronique d'Eusèbe a été continuée jusqu'en 1449 par Mathieu Palmer de Florence, et depuis 1449 jusqu'en 1481 par Mathias Palmer de Pise. Ce dernier, qui

---

Cum quibus optatum Petrus venit ad Polyandrum,
Cursu posterior, introeundo prior.

Les deux Jean sont Guttemberg et Faust : Pierre est Schoeffer, qui commença le dernier et arriva le premier à la perfection de l'art.

(1) Meerman, t. II, p. 117, attribue à Phil. de Lignamine cette chronique, dont l'auteur n'est pas bien connu. — Echard, *Script. medii ævi*, t. I, 1050, prétend que la première partie est de Ricobalde de Ferrare, et la seconde de Phil. de Lignamine. — Audiffredi rejette cette conjecture, p. 162 du *Catalog. edit. Romanar. sec. XV.* 1783. in-f°.

mourut en 1483, dit que Jean Guttemberg Zum Jungen inventa l'imprimerie en 1450: les mots, *Maguntiæ Rheni*, qui se trouvent dans ce texte, y sont placés de telle manière, qu'ils sont indifférens à signifier que Guttemberg était de Mayence, ou qu'il inventa son art dans cette ville.

Quelques autres chroniqueurs, comme Henri Wircsburg, continuateur du *Fasciculus temporum* de Werner Rolevinck, Guillaume Caxton, qui a traduit en anglais et continué le *Polychronicon* de Ranulphe Higden, nous disent bien que l'imprimerie fut inventée à Mayence, mais ils ne nous apprennent point par qui. Jacques de Bergame, auteur du *Supplementum chronicarum*, publié en 1483, nomme, à la vérité, les inventeurs ou ceux qu'on regardait comme tels; mais il en désigne trois concurremment et sans rien décider entre eux, Gutthimberg de Strasbourg, Faust et Nicolas Jenson.

Cette invention n'est attribuée qu'à Guttemberg allemand, par Bossius (1); qu'à Gut-

---

(1) Donati Bossii *Chronica*. Mediolani, Zarot, 1497. in-fol. Le texte relatif à l'imprimerie est sous l'année 1457.

temberg chevalier à Mayence, par Coccius Sabellicus (1); qu'à Guttemberg de Strasbourg, par Fulgose (2). C'est-là d'ailleurs à peu près tout ce qu'ils en disent. Sabellicus ajoute pourtant une conjecture sur l'époque de cette invention ; il croit que l'imprimerie existait déjà depuis seize ans, lorsqu'au commencement du pontificat de Pie II elle s'introduisit en Italie (3).

---

(1) M. Ant. Coccii Sabellici *Historia universalis*, sive *Eneades*, etc. *Venet.* 1498. in-fol. lib. VI, cap. 10.

(2) Baptistæ Fulgosi *Dict. et fact. memorab.* Mediolani, 1508. in-fol. Cet ouvrage étoit composé en italien avant 1494; il y est question de l'imprimerie au livre VIII.

(3) Suivant cette indication, l'imprimerie aurait été inventée en 1442, et introduite en Italie en 1458.

Ces dates, dont la seconde paraît trop ancienne, sont exprimées par Pierre Mexia, qui nomme aussi Jean Guttemberg allemand comme inventeur, et Mayence comme le berceau de l'imprimerie. (*Silva de varia lexion*; Hispali, 1542, liv. III.)

Venegas de Busto, dont le témoignage est conforme au précédent relativement à Mayence et à Guttemberg, substitue aux années 1442 et 1458 l'année 1440 pour l'invention de l'art typographique, et l'année 1459 pour son introduction chez les Italiens. Le livre de

Le titre de l'ouvrage de Polydore Virgile promet plus de recherches, puisqu'il s'agit des inventeurs de tous les arts, *De rerum inventoribus*. On lit en effet, dans la première édition de ce livre, donnée en 1499, qu'un Allemand nommé Pierre inventa l'imprimerie à Mayence, et que seize ans après, savoir, en 1458, un autre Allemand, nommé Conrad, l'apporta en Italie. Mais ce passage est changé dans l'édition de 1517, où, au lieu de Pierre (prénom de Schoeffer), on trouve Jean Guttemberg.

Aucun livre du quinzième siècle n'offre plus de détails sur les origines typographiques, qu'une chronique de Cologne, écrite en allemand, et publiée en 1499. L'auteur cite pour garant de son récit Ulric Zell, le fondateur de l'imprimerie à Cologne. C'est par lui qu'il sait que cet art fut inventé à Mayence vers 1440, qu'il se perfectionna durant les dix années suivantes, qu'en 1450 on commença d'imprimer, et que le premier livre qui sortit de la presse fut une Bible latine, d'un caractère semblable à celui dont

---

Venega, intitulé : *Differentia de libris*, parut pour la première fois à Tolède, en 1546, in-4°.

on se sert pour les Missels; qu'à la vérité, on avait auparavant imprimé des *Donats* en Hollande, mais que des productions si grossières étaient les avant-coureurs plutôt que les premiers essais d'un si bel art. L'auteur semble faire de ce qui s'était pratiqué en Hollande, et de ce qui s'exécuta dans Mayence, deux inventions différentes, qu'il ne distingue pas néanmoins par les procédés propres à chacune : il se contente de dire que la seconde fut très-supérieure à la première, infiniment plus ingénieuse. Il observe qu'on a voulu mal à propos désigner un Français, nommé Nicolas Jenson, comme l'inventeur de l'imprimerie : ce fut, dit-il, un citoyen de Mayence, né à Strasbourg, nommé Jean Gudenburch. Il ajoute que de Mayence cet art fut porté d'abord à Cologne, puis à Strasbourg, ensuite à Venise.

Trithème, qui naquit en 1462 et mourut en 1516, parle de l'imprimerie en divers endroits de ses ouvrages : mais le passage le plus important et le plus détaillé est celui qu'on lit, pag. 421 du t. II de ses *Annales d'Hirsauge* (1). En ces temps-là, dit-il sous

---

(1) J. Trithemii *Annal. monasterii Hirsaug.* ad

l'année 1440, l'imprimerie fut inventée, non en Italie, mais à Mayence, par Jean Guttemberg, qui, ruiné par cette entreprise, s'aida, pour la continuer, des conseils et de la fortune de Jean Fust, citoyen, comme lui, de Mayence. Ils se servirent d'abord de caractères formés sur des tables de bois, et imprimèrent ainsi le *Catholicon*. Mais ces caractères étant sculptés et inamovibles, on ne pouvait plus s'en servir pour aucune autre impression. Ils imaginèrent donc des types métalliques, fondus dans des matrices (1). Cependant les difficultés étaient encore extrêmes : ayant entrepris une Bible, ils en avaient à peine achevé le troisième cahier (la quarante-huitième page) (2), qu'ils étaient déja en avance de 4000 florins. Heureusement

---

ann. 1514, typis monast. S. Galli, 1690. 2 vol. in-fol.

(1) *Post hæc inventis successerunt subtiliora, invenieruntque modum fundendi formas omnium latini alphabeti litterarum, quas ipsi matrices nominabant, ex quibus rursùm æneos sive stanneos characteres fundebant, ad omnem pressuram sufficientes, quos prius manibus sculpebant.*

(2) *Tertium quaternionem.*

Pierre Opilio (1), domestique, puis gendre de Jean Fust, trouva un moyen plus facile de fondre les caractères (2); il acheva l'art. Trithème, qui déclare avoir appris tout ce détail de Pierre Opilio lui-même, ajoute que les trois associés demeuroient à Mayence dans une maison dite Zumjungen, et depuis nommée *Maison de l'Imprimerie*, qu'ils y tinrent leur art fort caché durant quelque temps, mais que leurs ouvriers le répandirent à Strasbourg et chez toutes les nations.

Pierre Opilio ou Schoeffer eut de Fusthine, fille de Fusth, un fils nommé Jean Schoeffer, qui exerça aussi l'art de l'imprimerie, et qui, dans les souscriptions de plusieurs des éditions qu'il a publiées, désigne, comme inventeurs de cet art, son aïeul et son père, sans faire aucune mention de Guttemberg. Un témoignage moins suspect et plus remarquable est celui de Jean Turcmaier, surnommé Aventinus, du nom d'une ville de

---

(1) *Opilio*, berger, en allemand *schaeffer*.

(2) *Petrus autem Opilio, tunc famulus, posteà gener inventoris primi Joannis Fust, homo ingeniosus et prudens, faciliorem modum fundendi characteres excogitavit, et artem, ut nunc est, complevit.*

Bavière, Abensberga, où il naquit en 1474. Cet Aventinus, au Liv. VII de ses Annales (1), après avoir fait à Faust et à Pierre Schoeffer tout l'honneur de l'invention de l'imprimerie, nomme, à la vérité, Jean Guttemberg, mais c'est pour en faire un des ouvriers des deux autres, et pour l'indiquer même comme celui par lequel leur secret fut divulgué dans l'Allemagne. On retrouve à peu près le même récit dans les Annales d'Augsbourg par Gassari (2). Erasme, dans la préface de l'édition de *Tite-Live*, donnée à Mayence en 1519, garde le silence sur Guttemberg; il ne nomme pas non plus Pierre Schoeffer : c'est Jean Faust seul qu'il célèbre comme le créateur de la typographie.

Wimpheling écrivait, en 1502 (3), que Jean Guttemberg, né à Strasbourg, après avoir inventé, en 1440, l'art d'imprimer,

---

(1) *Annal. Boïci.* Ingolstadii, 1554. Réimpr. à Basle en 1580, en 1615, en 1627; à Leipsick en 1710. in-fol.

(2) *Annal. Augstburg.* p. 1660 du t. 1er des *Scriptor. rer. germanic.* edit à S. B. Menckenio, 1728 et 1730. 3 vol. in-fol.

(3) Meerman, t. II, p. 138.

était allé le perfectionner à Mayence, laissant à Strasbourg Jean Mentel, occupé des mêmes travaux. Ce Jean Mentel, Mantel ou Mentellin, est représenté comme le premier inventeur par Spiegel, qui, né en 1483, écrivait vers 1520 (1), et par Jérôme Gebwiler qui vivait à peu près dans le même temps (2). Mais les livres où se trouvent les témoignages de ces deux auteurs, sont imprimés à Strasbourg, et la plupart même chez Jean Schott, petit-fils de Mentellin. On peut remarquer aussi, dans ces témoignages, assez de variations sur l'époque des premiers essais de Mentel : c'est tantôt 1440, tantôt 1442, 1444, etc..... Deux chroniques manuscrites de Strasbourg, dont Schilter a publié des extraits (3), attribuent au même personnage l'invention de l'imprimerie ; mais, de plus, elles lui donnent pour gendre Pierre Schoeffer, et pour domestique Jean Genssfleich,

---

(1) Meerman, t. II, p. 160.

(2) *Ibid.* p. 161.

(3) Transcrits par Meerman, *Orig. typogr.* t. II, p. 119. L'auteur de l'une de ces chroniques est Daniel Speckle, architecte ; on ne connaît pas le rédacteur de l'autre.

qui, disent-elles, lui vola son secret, et alla le mettre en œuvre à Mayence, en s'associant un homme riche, nommé Guttemberg: elles ajoutent que Mentel en mourut de chagrin, et que Dieu punit Genssfleich en le privant de la vue.

Il n'est point question de Mentel dans ce qu'ont écrit sur l'origine de cet art Sébastien Munster, Arnold de Bergel et Marie-Ange Accurse, écrivains du seizième siècle.

Munster, dans l'édition originale de sa *Cosmographie universelle* (1), ne nomme que Guttemberg, auquel les éditions postérieures adjoignent deux autres Mayençais, Jean Faust et Jean Medimbach.

Arnold de Bergel, correcteur d'épreuves, auteur de 454 vers sur l'imprimerie (2), fixe l'origine de cet art à l'année 1450 (3). La ville

---

(1) Basil. Henric. Petr. 1554. in-fol.
(2) Joannis-Arnoldi Bergellani *Encomion chalcographiæ*. Moguntiæ, Behem, 1541. in-4°. Ce poëme est transcrit p. 21, etc., de la seconde partie de l'*Histoire de l'imprimerie*, par Prosper Marchand; — page 13, etc. du tome 1 de la collection de Chr. Wolf, intitulée: *Monumenta typogr*.
(3) *Secula bis septem numerabant ordine fati*
   Christigenæ, hinc illis lustra decemque dabant.

de Strasbourg, est désignée dans ce poëme, ou comme la patrie (1) du premier imprimeur Guttemberg, ou du moins comme le lieu de ses premiers essais (2) : mais on ajoute que cet inventeur travailla plus heureusement à Mayence (3), aidé par Faust, et sur-tout par ce Pierre Schoeffer, qui, le premier, y fabriqua des matrices et fondit des lettres.

Ce que nous avons de Marie-Ange Accurse sur ce sujet consiste dans quelques lignes qu'il avoit écrites sur un *Donat*, et que Roccha (4) nous a conservées. Ces lignes disent que ce *Donat* a été imprimé en 1450 avec les *Confessionalia*; que le même abrégé de grammaire avait été auparavant imprimé en Hollande au moyen de planches de bois; que les caractères métalliques ont été ima-

---

(1) *Quam veteres nobis argenti voca vocarunt*
 A puero fertur sustinuisse virum.
(2) *Primitias illic carpit formare laboris.*
(3) *Illa huic civi largita est munera grata*
 Cui clarum nomen Mogus habere dedit....
 ..... Hic maturum protulit artis opus.
(4) *Appendix ad biblioth. Vatican.* Romæ, 1591. in-4°.

ginés par Jean Faust, et perfectionnés par *son fils* Pierre Schoeffer.

Guttemberg et Medimbach qui ne sont point mentionnés dans ce passage d'Accurse ou de Roccha, reparaissent dans un ouvrage manuscrit et inédit, cité par Serrarius (1) : là, Jean Guttemberg, Mayençais, invente l'imprimerie à Mayence, dans la maison de Zuunjungen. Les difficultés de son entreprise l'obligent à prendre deux associés, qui sont Jean Faust et Jean Medinback : bientôt après, Pierre Opilio ou Schoeffer, *gendre de Guttemberg*, perfectionne ce nouvel art.

La Hollande, indiquée par Marie-Ange Accurse, est expressément déclarée le berceau de la typographie dans un manuscrit anglais, dont Atkyns (2) a publié un fragment. On y lit que Thomas Bourchier, archevêque de Cantorbéri, détermina Henri VI à introduire l'imprimerie en Angleterre. Il s'agissait de séduire un ouvrier de la ville de Harlem, où Jean Guttemberg venait d'in-

---

(1) Lib. I, cap. 38. *Rerum Moguntiac.* 1722. 2 vol. in-fol.

(2) *The original and growth of printing.* London, 1664. in-4°.

venter cet art. Il fallut 1000 marcs d'argent: l'archevêque en fournit 30, et le roi trouva le reste. On dépêcha Robert Turnour et Caxton. Ils eurent besoin de précautions extrêmes; car on avait déja emprisonné à Harlem plusieurs étrangers qui y étaient venus avec une mission pareille. Turnour s'y introduisit masqué : pour Caxton, qui faisait un grand commerce avec les Hollandais, il se fit voir à son ordinaire. Après avoir passé quelque temps à Harlem, Turnour écrivit à Henri VI, que l'affaire était fort avancée, mais qu'il était cependant indispensable d'envoyer encore 500 marcs d'argent. Enfin, tant fut procédé, qu'un ouvrier fort habile, nommé Corsel ou Corsellis, changea d'habit, se glissa hors de la ville, s'embarqua avec les deux embaucheurs, et vint fonder une imprimerie à Oxford.

Un témoignage plus souvent cité en faveur de la ville de Harlem, est celui qu'on trouve dans l'ouvrage intitulé, *Batavia* (1), composé par *Hadrianus Junius* qui vécut depuis 1511 jusqu'en 1575. Cet écrivain se

---

(1) Adriani Junii *Batavia*. Lug. Batav. 1588 in-4°. p. 253.

récrie contre l'opinion accréditée qui fait de Mayence le berceau de l'imprimerie. Il s'indigne long-temps contre un préjugé si invétéré, si opiniâtre. Enfin il invoque en faveur de la ville de Harlem des autorités qu'il déclare irréfragables. Il tient de plusieurs vieillards que Laurent Jean, surnommé *Ædituus* ou *Custos*, habitant de Harlem, s'avisa, en se promenant dans une forêt voisine, de tailler des écorces de hêtre en forme de lettres, et de s'en servir pour imprimer un ou deux versets. Cette première tentative ayant réussi à merveille, Laurent, aidé de son gendre Thomas Pierre, composa une encre glutineuse et tenace, avec laquelle il imprima le *Speculum nostræ salutis*. Bientôt après, il employa, au lieu de hêtre, du plomb, puis de l'étain : si bien qu'on voit encore, dit Junius, quelques-uns de ces types métalliques dans la maison que l'inventeur habitait sur la place de Harlem vis-à-vis du palais. Cependant, parmi ses trop nombreux ouvriers, il se trouva un serviteur infidèle, nommé Jean, soit Jean Faust, dit encore Junius, soit un autre Jean. Cet ouvrier, pendant la nuit de Noël, profitant de l'heure où tout le monde était à la messe, déroba tous les caractères, tous les instrumens typographiques, avec lesquels il s'enfuit prestement à Amsterdam, puis à Cologne, enfin à Mayence. C'est dans cette dernière ville, qu'en 1442 ces mêmes caractères servirent à imprimer la grammaire d'Alexandre et les traités de Pierre d'Espagne. Or les vieillards qui ont appris tous ces faits à Junius, les tenoient d'un témoin oculaire, d'un relieur nommé Corneille, qui avoit été au service de Laurent, et qui fondait en larmes toutes les fois qu'il les racontait, surtout lorsqu'il en était à l'article du vol nocturne.

Les témoignages que je viens de rappeler peuvent se diviser en cinq classes :

1°. Des récits fort suspects, dictés par des prétentions nationales ou par des affections particulières : tels ont paru ceux de Junius, du manuscrit anglais cité par Atkyns, des deux chroniques de Strasbourg, et des écrivains imprimés par Jean Schott ; récits arrangés tout exprès, soit pour faire de la ville de Harlem le berceau de l'imprimerie, soit pour transporter cet art à Oxford avant 1460, soit pour le faire naître dans Strasbourg, soit pour en attribuer l'invention à Jean Mentellin ;

2º. Des indications sommaires, vagues et fugitives, comme celles que présentent les chroniques de Philippe de Lignamine, de Palmer de Pise, de Jacques de Bergame, de Rossius, etc. etc.; indications peu d'accord entre elles sur divers points, mais desquelles il résulte pourtant qu'une opinion assez répandue en Europe, durant les trente dernières années du quinzième siècle, nommait Guttemberg l'inventeur de l'art typographique, en lui associant quelquefois Schoeffer, Faust, ou Meydenbach, ou Mentellin;

3º. Des récits plus détaillés, comme ceux d'Aventinus, d'Arnold de Bergel, etc., mais qui ne sont pas d'une date très-ancienne, et qui d'ailleurs ressemblent à des panégyriques plutôt qu'à des témoignages;

4º. Les dépositions plus anciennes, plus positives, de Schoeffer dans les annales de Trithème, d'Ulric Zell dans la chronique de Cologne; chronique pourtant bien fabuleuse à d'autres égards, et trop souvent digne des reproches que lui font Prosper Marchand et Fournier;

5º. Enfin, des monumens authentiques, sinon ceux qui n'apprennent que des circonstances indifférentes de la vie de Guttemberg; du moins ceux qui, comme les pièces de ses deux procès, nous le montrent occupé de travaux typographiques à Strasbourg, avant 1439; à Mayence, avant 1455.

En comparant entre eux ces divers témoignages ainsi appréciés, on en pourrait conclure,

Que les impressions exécutées en Hollande dans le cours des quarante premières années du quinzième siècle étaient purement xylographiques;

Que Guttemberg, né à Mayence, fit à Strasbourg un séjour assez long, durant lequel il essaya d'imprimer, et conçut même l'idée des caractères mobiles;

Que, de retour à Mayence, il continua les mêmes travaux; qu'en 1449 ou 1450, il forma une société avec Faust, et que les caractères de fonte furent inventés et employés par eux avant 1455, époque de la rupture de leur association;

Que Schoeffer enfin, l'un de leurs ouvriers, et depuis le gendre de Faust, perfectionna l'art de fondre les caractères.

Mais si l'on envisage à la fois tous les témoignages que j'ai parcourus, et si l'on ne considère que leur extrême discordance, on ne sera point étonné de la diversité des systèmes auxquels ils ont donné lieu, et dont je vais rendre compte.

Plus de quinze villes ont revendiqué l'honneur d'avoir vu naître l'art typographique : on n'a pas manqué de remarquer combien ce nombre est supérieur à celui des cités qui jadis se disputaient Homère. Ces villes sont: Augsbourg (1), Basle, Bologne, Dordrecht, Feltri (2), Florence, Harlem, Lubeck,

---

(1) Selon Gilbert Cognatus, *Silvæ Narrationum*, p. 278. Basileæ, 1567. in-8°, Augsbourg est la patrie de Schoeffer, inventeur des caractères de fonte. Mais quand Schoeffer serait l'inventeur de l'imprimerie, et quand même il serait né à Augsbourg, s'ensuivrait-il que cette ville dût être considérée comme le berceau de cet art ? Les raisons que l'on allègue pour Basle, Bologne, Dordrecht, Florence, Lubeck, Schélestat, sont de la même force.

(2) *Dalla nobile casa Castaldia..... ne uscirono fra gl' altri Panfilio poeta eruditissimo, il qual trovò l'arte di stampare i libri l'anno 1440, e poscia la communicò a Fausto comesburgo suo grand' amico, che la mise in uso in Germania nella citta di Magonza l'anno 1450.* Cette opinion singulière, qui n'est appuyée d'aucune preuve, est énoncée par Ant. del Corno, p. 124 de ses mémoires sur Feltri, *Memorie istoriche di Feltre*. Venetia, 1710. in-4°. — Mons-

Mayence, Nuremberg, Rome (1), Russembourg (2), Strasbourg, Schélestat, Venise, etc. La liste des personnages désignés comme inventeurs est bien plus nombreuse :

---

trosa relatio, dit Schoepflin, *Vind. typog.* p. 36, n. (c).

(1) Volaterrani *Comment. urban.* lib. XXXIII. — Fulvii *Antiquit. urbis Romœ*, p. 314. 1545. in-8°. « Il faut mieux passer outre, dit Naudé, sans nous » arrêter à l'opinion du bon homme Volaterran, qui » dit tout naïvement que *duo è Germania fratres* » (*Sweynheym et Pannartz*) *Romœ eam cœperunt* » *anno 1465, primumque omnium Augustinus de* » *civitate Dei et Lactantius prodiere*; d'autant que » s'il est d'avis par ces mots que l'imprimerie ait » commencé à Rome, et que ces deux livres aient » été les premiers de tous imprimés, il se trompe » si lourdement, qu'il n'a besoin que d'une ferme » négative pour toute réponse. »

(2) Francisc. Irenic. *Exegeseos Germaniæ*, lib. II, cap. 47. Ceux qui prétendent, avec cet écrivain, que les premiers livres furent imprimés à Russembourg, ajoutent qu'on les transportait aussitôt à Mayence. Cette opinion n'a guère d'autre fondement que le nom même de Russembourg, nom qui rappelle, dit-on, le bruit de l'imprimerie. C'est un village, ou même une simple maison de campagne en Alsace.

on y trouve jusqu'à Saturne (1), Job (2) et Charlemagne (3) : elle comprend les

---

(1) Deux anciens écrivains ecclésiastiques, Cyprien dans un opuscule sur les *Idoles*, et Minutius Félix dans l'*Octavius*, ont dit que Saturne enseigna le premier en Italie l'art d'imprimer les lettres : *litteras imprimere et signare nummos*. Pomponius Lætus s'est servi de ces passages pour prouver que l'imprimerie était née en Italie, et Peutinger a pris la peine de réfuter sérieusement un tel système (p. 17 *Sermon. conviv. de Germaniæ mirandis*, Argentorati in-4°).

(2) *Quis mihi tribuat ut scribantur sermones mei? Quis mihi det ut exarentur in libro, stylo ferreo et plumbi laminâ, vel certe sculpantur in silice?* (Job. c. XIX.)

(3) Licimandri *Panegyric. in Laudem typographiæ*, p. 595-607 du t. II de la collection de Wolf, *Monum. typogr.* — *Certum est*, dit Licimander, *jam anno 811 Carolum Magnum Germanorum imperatorem, qui omnia eruditæ antiquitatis monumenta ex oblivionis cinere excitavit, leges et statuta veterum, itemque carmina germanica colligi, rhythmosque suos in genesin confectos, ligno insculpi, hinc vero atramento quodam in membranâ et chartâ describi curasse, cujusmodi exemplum in bibliothecâ Cæsareâ Vindobonensi adhuc adversatur*. Les livres dont parle Licimander sont mis par Lambecius au nombre des manuscrits de Vienne.

noms de Castaldi, Coster, Faust, Genss-fleich, Gresmund (1), Guttemberg, Ulric Han (2), Mentellin, Jenson (3), Regiomon-

---

(1) Érasme avait dit, en parlant de Mayence : *Quippe quæ cùm alios permultos...... edidit, tùm verò præcipuè Theodoricum Gresmundum... huic viri boni omnes..... non parùm debent ob egregium illud ac penè divinum inventum stanneis typis excudendi libros.* Victorius, abrégeant ce texte, et ne faisant point attention au mot *urbi*, s'est exprimé en ces termes : *Moguntiacum..... urbs Germaniæ..... ex quâ, ingenio Theodorici Gresmundi, ars imprimendi libros primùm prodiit.* Cette distraction de Victorius a fait de Thierry Gresmond, contemporain et ami d'Érasme, l'inventeur d'un art qui était né avant eux.

(2) Les vers de Campanus qui servent de souscription à la plupart des éditions d'Ulric Han ou Uldaricus Gallus, n'attribuent pas expressément à cet imprimeur l'invention de l'art : ils ne sont qu'un éloge de son talent.

Anser Tarpeii custos Jovis, undè, quod alis
  Constreperes, Gallus decidit, ultor adest
Uldaricus Gallus ; ne quem poscantur in usum
  Edocuit pennis nil opus esse tuis.
Imprimit ille die quantùm non scribitur anno.
  Ingenio haud noceas, omnia vincit homo.

(3) *Qui librariæ artis inventor, non ut scribantur calamo libri, sed veluti gemmâ imprimantur ac propè*

tanus (1), Schoeffer, Sweynheym et Pannartz, Louis de Vaelbeske, etc. etc.

Je ne discuterai pas toutes ces prétentions. La plupart ne sont fondées sur aucun monument authentique, sur aucun témoignage positif. Il serait long et superflu d'expliquer les inadvertances, les méprises, les malen-

---

sigillo, primus omnium ingeniosè monstravit. C'est ainsi que s'exprime sur Jenson, Ognibene de Lonigo (Omnibonus Leonnicenus) dans la préface de l'édition de Quintilien, exécutée par Jenson lui-même en 1471. On doit supposer qu'Ognibene ne parle ici que de Venise, et qu'il veut dire seulement que Jenson est le premier qui ait imprimé dans cette ville; mais cela même est fort douteux. Le *Decor puellarum*, souscrit par Jenson et daté 1461, n'est que de 1471, selon toute apparence; et Jean de Spire avait imprimé à Venise dès 1469.

(1) Jean Muller de Montréal, plus connu comme mathématicien que comme imprimeur, a néanmoins exercé ce dernier art à Nuremberg; mais qu'il l'ait inventé, on ne trouve aucune preuve de ce singulier système dans les écrits de ceux qui l'ont soutenu, comme Remus (*Schol. mathem.* lib. II), Zwinger, Paulus Peter, etc. Ils se fondent sur les tables de Purbach, où il est dit seulement que l'imprimerie fut inventée *du temps* de Regiomontanus.

tendus qui ont fait naître tant de systèmes. Entre les villes, Harlem, Strasbourg et Mayence ; entre les inventeurs désignés, Laurent Coster, Mentellin, Guttemberg, Faust et Schoeffer, sont les plus dignes d'attention.

Le nombre des ouvrages publiés depuis 1560, spécialement depuis 1600, sur l'invention de l'imprimerie, est extrêmement considérable. A deux époques sur-tout, savoir, au milieu du dix-septième siècle et au milieu du dix-huitième, on a composé, pour célébrer l'année séculaire de l'art typographique, une multitude de traités, de dissertations, de thèses, de harangues, de poëmes, où l'on traite des bienfaits de cet art, de ses progrès, et sur-tout de son origine. Wolf, en 1740, a réuni, sous le titre de *Monumenta typographica* (1), une grande partie de ce qui avait été publié jusqu'alors sur cette matière. On formerait une collection plus volumineuse et plus savante, en recueillant ce qu'ont écrit depuis Schwarz,

---

(1) Hamburgi, Herold. 2 vol. in-8° de 1104 et 1232 pages.

Fournier, Schoepflin, Meerman, Heinecken, etc. (1).

---

(1) Je ne ferai aucune mention de plusieurs écrivains qui n'ont jeté aucune lumière sur la question. Il en est qui la déclarent indécise, sans rendre compte des motifs qu'ils ont de la juger telle. D'autres embrassent une des opinions connues avant eux, sans en éclaircir les difficultés, même sans en rappeler les preuves. Quelques-uns traitent si légèrement, si rapidement cette matière, qu'on voit qu'ils attachent eux-mêmes fort peu d'importance à ce qu'ils en disent d'après les auteurs auxquels ils renvoient. La plupart enfin avaient négligé de recueillir les premiers faits de l'histoire typographique.

En conséquence, je ne dirai rien du livre de Matthieu Judex, publié à Copenhague en 1566, sous le titre : *De typographiæ inventione et de prælorum legitimâ inspectione.* L'auteur désigne vaguement comme inventeurs, d'abord Jean Faust, orfèvre de Mayence, puis ses associés Schoeffer et Guttemberg. Les questions qui l'arrêtent sont de savoir si l'imprimerie est un art mécanique ou libéral, quelles en sont les causes efficientes, instrumentales, matérielles, formelles, finales, occasionnelles, etc. La partie la moins inutile de cet opuscule est celle où l'auteur examine en quoi doit consister la liberté de la presse.

Je ne dirai rien d'une dissertation de Besolde, l'une de celles qui entrent dans le recueil intitulé : *Christ. Besoldi Pentas dissertationum philologicarum.* 1°. *De*

Analyse des opinions diverses

Parmi tant d'ouvrages, les plus importans peuvent se diviser en trois classes, selon

---

jure regis Samuelis. 2°. *De invent. bombardarum.* 3°. *De* INVENTIONE TYPOGRAPHIAE. 4°. *De Judæorum conversione.* 5°. *De angelis imperiorum.* Tubingæ, 1620. in-4°. Besolde ne croit point que les Européens soient redevables de l'art typographique aux Chinois, qui ne pratiquaient que l'imprimerie tabellaire, et avec lesquels d'ailleurs les Allemands du quinzième siècle n'avaient aucune communication. Du reste, il ne décide point entre Strasbourg, Mayence et Harlem.

Je ne m'arrêterai point à l'ouvrage d'André Rivin : *Hecatomba laudum et gratiarum ob inventam in Germaniâ abhinc annis CC calcographiam.... immolata, cùm in carminibus.... tàm declamatiunculâ solemni....* Lipsiæ, 1640. Tout se réduit, dans les vers et dans la prose de Rivin, à quelques déclamations contre les prétentions de Harlem, et à quelques citations en faveur de Mayence. C'est d'ailleurs Jean Faust qui est célébré comme le principal inventeur; Schoeffer et Guttemberg lui sont associés, ainsi que dans la dissertation de Matthieu Judex.

La question est encore moins traitée dans la plupart des harangues et des pièces de vers que Wolf a recueillies à la fin du premier volume de ses *Monumenta typographica*. Elle ne l'est pas davantage dans l'*Opuscule* de Catherinot sur l'*Art de l'imprimerie* (Bourges, 1685. in-4°); opuscule qui présente plutôt des détails techniques sur la pratique de l'imprimerie,

qu'on y soutient que l'imprimerie a commencé dans Harlem, dans Strasbourg, ou dans Mayence.

Scriverius, né à Harlem à la fin du seizième siècle, est le premier qui ait plaidé la cause de cette ville avec quelque étendue (1). Au

---

que des recherches sur son origine. Catherinot se borne à nommer comme inventeurs Guttemberg et Schoeffer, à Mayence, vers 1455, etc. etc.

J'omettrai aussi la dissertation de Casimir Oudin, qui se trouve dans le tome III de ses *Comment. de scriptor. ecclesiast.* Lipsiæ, 1722. in-fol. Cette dissertation très-superficielle est divisée en cinq chapitres. Les deux derniers, qui traitent de la propagation de l'imprimerie dans les diverses contrées de l'Europe, après la prise de Mayence en 1462, sont étrangers aux questions qui nous occupent ici. Le premier chapitre est destiné à combattre les prétentions de la ville de Harlem. Oudin n'accorde à Laurent Coster que des productions xylographiques. Dans les chapitres 2 et 3, il affirme, d'après Serrarius, que l'imprimerie fut inventée à Mayence par Guttemberg, aidé de Meydenbach. Il cite quelques-unes des éditions publiées en cette ville, comme le *Psautier* de 1457, le *Durand* de 1459, etc. Oudin ne possédait qu'une assez faible partie des connaissances que plusieurs de ses contemporains avaient sur cette matière.

(1) *Laurecrans voor Coster van Haerlem*, etc.

témoignage d'Adrianus Junius, il joint ceux de Volchard Coornhert et de Guicciardin (1) : il regrette beaucoup la perte d'un livre que van Zuren avait composé sur les origines ; il en cite quelques fragmens, et particulièrement la préface, où l'on voit que van Zuren se proposait en effet de revendiquer pour Harlem les premiers essais de l'imprimerie. Scriverius discute ensuite les prétentions de Mayence, de Strasbourg, d'Ausbourg, de Basle et de Rome. Il pense que de toutes ces villes, Mayence est celle dont les productions typographiques sont les plus anciennes : mais elles ne remontent qu'à l'année 1450, tandis que, dès 1430, Harlem avait vu paraître les

---

Harlem, 1628, in-4°, traduit en latin par Georges Quapner, sous le titre de *Petri Scriverii, Laurea Laurentii Costeri Harlemensis primi typogr. inventoris*, etc.

(1) *Description des Pays-Bas*, article de *Harlem*. « C'est, dit Guicciardin, dans cette ville, dans toute » la Hollande, une tradition constante, appuyée » d'ailleurs du suffrage de quelques écrivains, con- » firmée par des monumens, que l'imprimerie fut » inventée à Harlem, et fut de là transférée à Mayen- » ce par un ouvrier de l'inventeur ». Il ajoute qu'il ne prétend rien affirmer sur ce fait.

livres avec figures imprimés par Laurent Coster. En décrivant ces livres, Scriverius avoue qu'ils sont presque tous xylographiques; il excepte toutefois le *Speculum salutis*, qu'il croit imprimé, non avec des caractères mobiles de bois, procédé qui lui semble à peu près impraticable, mais avec des caractères de fonte.

Cet ouvrage de Scriverius est beaucoup plus instructif, et vaut mieux à tous égards que celui qui fut publié douze ans après par Boxhorn (1) sur le même sujet. Boxhorn ne fait guère que citer et commenter deux inscriptions qui se lisent, l'une sur la maison, l'autre sous la statue de Laurent Coster. La première : *Memoriæ sacrum, typographia ars omnium conservatrix hic primùm inventa circà annum* 1440. La seconde : *Viro consulari Laurentio Costero Harlemensi, alteri Cadmo, et artis typographicæ circà annum Domini* 1430 *inventori primùm benè de litteris ac toto orbe merito, hanc Q. L. Q. C. statuam, quia æream non ha-*

---

(1) Marci Zuerii Boxhornii *Dissertatio de typographicæ artis inventione*. Lugd. Batav. de Vogel. 1640. in-4°.

buit, *pro monumento posuit civis gratissimus*. La différence des dates 1440 et 1430 peut faire quelque difficulté; Boxhorn n'y répond qu'en soutenant que 1430 est une date encore trop modeste, qu'il n'eût pas fallu hésiter de dire 1420; il indique d'ailleurs deux livres avec figures, imprimés, dit-il, à Harlem entre 1428 et 1440 : ce sont la *Bible des pauvres* et l'*Apocalypse*.

L'opinion de Boxhorn fut reproduite, et assez peu développée par Ellis et par Bagford au commencement du dix-huitième siècle. Ce qu'ils ont écrit sur cette question se trouve dans les *Transactions philosophiques* (1) de la société de Londres. Ellis n'offre aucun développement nouveau; Bagford expose le plan d'un ouvrage sur l'invention de l'imprimerie. Il ne croit point que cet art nous soit venu des Chinois : il aimerait mieux en rapporter l'origine aux cachets et aux monnaies des Romains. Il pense au reste que chez les peuples modernes ce sont

---

(1) Pag. 11-26 de la seconde partie du t. V des *Philosophical transactions from the year 1700, to the year 1720; abridge and dispos'd under general heads*, by Henri Jones. London, 1721, in-4°.

les cartes à jouer qui présentent les premiers essais de la presse. C'est en imitant le procédé employé pour la confection de ces cartes qu'on fit à Harlem, selon Bagford, les premiers livres avec et sans figures : on se servit ensuite de caractères mobiles. L'auteur se proposait d'écrire une histoire complète de cet art ; elle devait s'étendre à tout ce qui concerne l'encre, le papier, la reliure, etc. Mais il ne fait qu'indiquer ici ces détails, et se hâte de terminer cette espèce de prospectus par une relation de ses voyages dans la Belgique et dans la Hollande : il a vu à Harlem la maison de Laurent Coster, et des exemplaires de ses éditions.

Personne n'a défendu la cause de Coster et de Harlem avec plus de soin et d'érudition que Meerman. Son ouvrage (1) est divisé en neuf chapitres. Dans le premier, il distingue les divers procédés auxquels on a donné le nom d'*imprimerie*, depuis les planches de bois jusqu'aux caractères de fonte : il fait consister l'art typographique dans la mobilité des types, quelle qu'en

---

(1) *Origines typographicæ*, à Ger. Meerman. Hagæ-Comitum, 1765. 2 vol. in-4°.

soit la matière, et annonce qu'il va prouver que Laurent Coster a, le premier, employé des caractères mobiles de bois. Le second chapitre est une histoire généalogique de cet inventeur. Descendant d'un fils naturel d'Alfert, comte de Brederode, Laurent Janssoen naquit vers 1370. Il exerça l'emploi de sacristain dans l'église de Harlem, d'où lui est venu le nom de *Custos* ou *Coster*. Il fut échevin en 1423, et mourut au plus tard en 1440. Les témoignages occupent le troisième chapitre : ce sont ceux du relieur Corneille dans Adrien Junius, d'Ulric Zell dans la chronique de Cologne, de Marie-Ange Accurse cité par Roccha, du fragment anglais publié par Atkyns, etc. Le premier de ces témoignages, le plus important de tous, le seul même qui soit bien direct, est discuté dans le quatrième chapitre : là, Meerman, tout en défendant en général la vérité du récit de Junius, en rectifie certains détails. Coster employa, suivant Junius, des caractères métalliques ; il n'employa, suivant Meerman, que des caractères de bois, mais mobiles. Junius fait entendre que l'infidèle ouvrier de Coster lui ravit tous ses instrumens, tous ses types, son imprimerie toute entière. L'enlèvement subit d'un si considérable attirail paraît impossible à Meerman; il n'y eut de volé que le secret avec quelques pièces propres à servir de modèles. Qui fut le voleur? Junius soupçonne Jean Faust, et Meerman Jean Genssfleich qu'il distingue de Jean Guttemberg; il en fait deux frères. Dans le chapitre V, quelques éditions, et sur-tout la première du *Miroir du salut* (en langue flamande), sont attribuées à Laurent Coster, et représentées comme les plus anciennes productions véritablement typographiques: l'auteur veut qu'elles aient été exécutées avec des caractères mobiles de bois. Le chapitre VI contient l'histoire de l'imprimerie de Harlem sous les successeurs de Laurent, depuis 1440 jusqu'en 1472, c'est-à-dire avant l'arrivée de l'imprimeur Martens et de ses associés en Flandre. Meerman traite, dans le VIIe chapitre, de l'imprimerie de Mayence: elle doit son origine au vol commis par Genssfleich; mais l'art s'y perfectionna par l'emploi des caractères métalliques. Ces caractères étaient d'abord taillés, ou plutôt (car Meerman a modifié lui-même son opinion sur cet article), la lettre était sculptée sur le métal fondu (1). Schoeffer inventa ensuite l'art de fondre la lettre même, comme on le pratique aujourd'hui. Quant à la ville de Strasbourg qui est l'objet du chapitre VIII, l'auteur ne peut lui accorder aucune part à l'invention de l'imprimerie. Guttemberg s'y ruina, et ce fut tout : il ne produisit qu'à Mayence. Dans le dernier chapitre, il s'agit de l'impression tabellaire, c'est-à-dire avec des planches fixes. Cette impression existait à la Chine dès le Xe siècle. En Europe, les caractères formés sur la monnaie auraient dû en donner l'idée; mais il fallait une encre propre à cette opération, et ce fut aussi Laurent Coster qui trouva cette encre. Meerman soutient qu'alors les cartes à jouer n'étaient point imprimées, mais peintes à la main, comme les ornemens des manuscrits.

Ainsi Coster est le premier qui ait imprimé avec des types mobiles; c'est de cette manière qu'il exécuta le *Speculum* : il est encore le premier en Europe qui ait appliqué

---

(1) *Caracteres sculpto-fusi.* Meerman, t. II, p. 51, etc.

la gravure ou les planches fixes à la représentation du discours écrit ; et c'est à ce procédé qu'on doit les textes de la *Bible des pauvres* et de quelques autres recueils d'images. Tels sont les résultats des recherches de Meerman.

Il y a deux manières de prétendre que l'imprimerie est née à Strasbourg : l'une, en faisant de Mentellin ou Mentel l'inventeur de cet art ; l'autre, en soutenant que ce fut à Strasbourg que Guttemberg en publia les plus anciens essais. Adam Schrag, en 1640 (1), a défendu le premier système par les témoignages de Daniel Speckle, de Gebwiler et de Spiegel. Il y a joint quelques observations qui tendent à prouver que les Chinois n'ont inventé que l'imprimerie tabellaire, que Laurent Coster n'en a point connu d'autre, que la typographie proprement dite n'a été pratiquée en Italie et en France qu'après l'avoir été à Mayence, et qu'elle n'a été introduite à Mayence même

---

(1) L'ouvrage de Schrag, écrit en allemand, a été traduit en latin par Sucksdorf, sous le titre : *Historia typographiæ Argentorati inventæ*. Dans Wolf, t. II, p. 1-67.

que par un ouvrier de Mentellin. Ces assertions qui passaient alors à Strasbourg pour incontestables, sont répétées, sans aucune preuve, dans les harangues que Schmid et Boeckler (1) y prononcèrent dans le cours de la même année, en l'honneur de l'imprimerie.

Entre les partisans les plus zélés de Mentellin, on distingue un de ses descendans, Jacques Mentel (2), qui d'ailleurs, malgré l'intérêt si vif qu'il prend à la question, n'ajoute presque rien à ce qu'avait écrit Adam Schrag dix ans auparavant. Jean Stohr, dans une thèse soutenue en 1666 (3),

---

(1) *Conciones tres sacræ eucharisticæ in memoriam præstantissimæ artis typographicæ, anno 1440, divino instinctu Argentorati inventæ*, à Jo. Schmidio. Trois sermons, traduits de l'allemand en latin par Boeckler, dans Wolf, t. II, p. 58-165.

Jo. Henr. Boeckleri *Oratio habita kal. oct. anno 1640, in quâ de typographiæ Argentorati inventæ divinitate et fatis, seculari pietate disseritur*. Harangue imprimée à la suite de celles de Schmid, à Strasbourg, 1654, in-8°; et dans Wolf, t. II, pag. 166-188.

(2) Jacobi Menteli *De vera typographiæ origine parænesis*. Parisiis, Ballard, 1650, in-4°.

(3) Dans Wolf, t. II, p. 456-494.

avoue que Guttemberg fut le maître, le propriétaire de la première imprimerie; mais il prétend que Mentellin fut le premier typographe : il distingue de Guttemberg, l'ouvrier Genssfleich, qui, après avoir volé Mentellin, alla s'établir à Mayence vers 1450. Je ne dirai rien de la dissertation de Moller en 1692 (1), de la thèse de Schroedter en 1697 (2); productions scholastiques, assez ridicules pour avoir contribué au discrédit de l'opinion qu'on y énonce en faveur de Mentellin. Depuis lors du moins, le système qui consiste à dire que Guttemberg publia

---

(1) Dan. Guill. Molleri *Dissertatio de typographiâ*. Altorfii, 1692. in-4°. — Réimprimée à Nuremberg en 1727, in-4°. — Moller dit qu'en recherchant l'origine de l'imprimerie, il faut soigneusement distinguer *inter absolutè sive simpliciter, et inter respectivè sive secundùm quid*; cela veut dire ici : entre les premiers essais de l'art et ses progrès.

(2) Dans Wolf, t. II, p. 614-632. Il s'agit dans cette thèse du nom de l'imprimerie, de son existence, de son essence, de sa cause efficiente première qui est Dieu, de sa cause efficiente seconde qui est Mentellin à Strasbourg; de ses causes matérielles, *ex quâ, in quâ, circâ quam*, etc.

ses plus anciennes éditions à Strasbourg, a prévalu parmi les Strasbourgeois.

Dès 1689, ce système avait été désigné comme le plus probable par Norrmann, professeur à Upsal (1) : mais, en 1700, il fut développé par Tentzel (2), qui réfuta l'opinion de Schrag aussi bien que celle de Scriverius, en opposant sur-tout à l'une et à l'autre l'autorité de Trithème. Tentzel parle d'ailleurs de Guttemberg comme d'un Strasbourgeois qui créa dans Strasbourg, en 1440, l'art qu'il alla, vers 1450, perfectionner à Mayence. On retrouve la plupart de ces idées dans une dissertation très-prolixe que Paulus Pater fit paraître en 1710 (3). Ce fut, selon ce dernier auteur, par les conseils du mathématicien Muller (Regiomon-

---

(1) *Dissertatio academica de renascentis litteraturæ ministrâ typographiâ.* Dans Wolf, t. II, p. 550-594.

(2) *Dissertatio de inventione artis typographicæ in Germaniâ*, à Wilhelmo Ern. Tentzelio ; traduite de l'allemand en latin par Klefeker, dans Wolf, t. II, p. 645-700.

(3) *De Germaniæ miraculo, optimo, maximo, typis litterarum earumque differentiis, dissertatio, quâ simul artis typographicæ universam rationem explicat* Paulus Pater. Lipsiæ, Gleditsh, 1710, in-4°.

tanus), que Guttemberg, né à Strasbourg, consacra dans cette même ville son riche patrimoine à des entreprises typographiques: depuis il eut à Mayence, pour associé, Jean Faust, auquel Paulus Pater et Tentzel donnent le surnom de Genssfleich. Paulus Pater déclare de plus avoir vu, dans sa jeunesse, quelques-uns des caractères de bois dont Guttemberg et Faust avaient fait usage avant d'avoir imaginé les caractères de fonte.

Schoepflin communiqua, en 1741, à l'Académie des inscriptions et belles-lettres (1) une dissertation où il distingue, dans l'histoire des premiers temps de l'imprimerie, deux époques : l'une, depuis 1440 jusqu'en 1450; l'autre, depuis 1450 jusqu'en 1460. Dans la première époque, Guttemberg est à Strasbourg; il y invente l'art typographique; il imprime le *Soliloquium Hugonis*, le livre *De miseriâ humanâ*, etc. (2). Dans la seconde, il travaille à Mayence avec Faust et Schoeffer. Schoepflin, lorsqu'il écrivait ce mémoire, n'avait point encore découvert les

---

(1) *Mémoires de l'Acad. des inscript.* t. XVII, in-4°, p. 762-786.

(2) Voyez ci-dessus, p. 25-28.

pièces du procès de Guttemberg à Strasbourg en 1439 (1). Lorsqu'il les eut trouvées, il fit un livre (2). Là, après avoir accordé à la ville de Harlem et à Laurent Coster l'invention des planches de bois, à Mayence et à Schoeffer l'invention des caractères de fonte, il revendique pour Guttemberg et pour Strasbourg celle des caractères mobiles de bois, et par conséquent les plus anciens produits de la typographie proprement dite. Il n'exige plus, à la vérité, que l'on regarde comme des éditions de Guttemberg lui-même celles que je rappelais tout-à-l'heure : il permet de les attribuer aux presses de Mentel ou d'Eggesteyn après 1444, pourvu cependant qu'on les considère comme strasbourgeoises. Nous avons vu que ces éditions ne sont pas si anciennes, et que la plupart ont été publiées en d'autres villes. Schoepflin n'est pas plus heureux en conjectures, lorsqu'il dit qu'en 1455, après la rupture de la société de Faust et de Guttemberg, ce dernier se retira dans la ville de Harlem, et y

---

(1) Voyez ci-dessus, p. 33.
(2) *Vindiciæ typographicæ.* Argentorati, Bauer, 1760. in-4°.

sur l'origine de l'imprimerie. 77

demeura dix ans. Les pièces que nous avons parcourues (1) prouvent qu'il continua d'habiter Mayence jusqu'à sa mort, c'est-à-dire jusqu'en 1468.

Sur ce dernier point et sur quelques autres, les opinions de Schoepflin sont abandonnées, combattues même dans un ouvrage récent, où l'on adopte d'ailleurs les principales idées de son système. Quoique cet ouvrage ne soit qu'un simple programme (2), on y trouve une chronologie raisonnée de la vie de Guttemberg durant les soixante-six premières années du XVe siècle, précédée de l'indication des pièces justificatives, et du texte même de celles dont la découverte est récente. L'auteur de cet excellent précis, le citoyen Oberlin, croit que Guttemberg a publié à Strasbourg quelques éditions exécutées, soit avec des caractères mobiles de bois, soit avec des caractères de fonte, soit peut-être même avec les caractères que Meerman appelle *sculpto-fusi*. Mais quelles

---

(1) Voyez ci-dessus, p. 34 et 35.

(2) *Exercice public de bibliographie, ou Essai d'Annales de la vie de Guttemberg*, par Jacq. Oberlin. Strasbourg, an 9. in-8°.

sont ces éditions? Le citoyen Oberlin s'abstient de les désigner, et par-là, ce me semble, il laisse subsister presque tous les doutes que l'on a élevés contre le système qu'il embrasse.

Que Mayence ait vu naître l'imprimerie, c'est l'opinion la plus commune : mais ceux qui la soutiennent ne sont d'accord ni sur l'époque ni sur l'auteur de cette invention. Quelle est, depuis 1440 jusqu'en 1457, la véritable date de son origine? Le créateur de l'art est-il Guttemberg, ou Faust, ou Schoeffer? y ont-ils contribué tous trois? et quelle part chacun d'eux y a-t-il prise? les noms de Guttemberg et de Genssfleich appartiennent-ils à deux hommes, ou à un seul? et celui-là était-il né à Mayence ou à Strasbourg? était-il gentilhomme ou valet, artiste ou prêteur de fonds? Jean ou Pierre Faust ou Fusth était-il orfèvre ou libraire? s'appelait-il aussi Gutmann, ou bien est-ce lui qu'il faut surnommer Genssfleich? est-ce lui encore qu'il faut reconnaître dans le fabuleux personnage, célèbre sous le nom du magicien Faust (1)? Schoeffer était-il pâtre

────────────

(1) « Fauste, prétendu magicien (dit Prosper Mar-

ou clerc? devint-il gendre de Guttemberg, ou de Fusth? n'y eut-il dans cette première imprimerie qu'un seul Schoeffer? ou faut-il en distinguer deux, l'un ecclésiastique et l'autre laïc? Quels ont été les premiers procédés de l'inventeur ou des inventeurs? a-t-il ou ont-ils d'abord employé des planches fixes, ou des caractères mobiles de bois? a-t-on fait ensuite usage de caractères métalliques taillés, ou de tiges fondues sur lesquelles on gravait la lettre? ou bien a-t-on passé immédiatement des caractères mobiles de bois aux caractères de fonte, tels que

---

» chand, *Dict. histor.* t. 1, p. 249), personnage
» imaginaire dont il serait tout-à-fait ridicule de se
» souvenir ici, si quelques savans ne s'étaient imaginé
» reconnaître sous ce nom le fameux Jean Fusth de
» Mayence, ainsi défiguré par les moines, en haine
» de ce qu'il avait inventé l'imprimerie, et si divers
» autres n'avaient pris soin de réfuter très-sérieuse-
» ment une imagination si extraordinaire. »

Voy. Jo. Conr. Durrii *Epistola de Johanne Fausto,* dans les *Aménités littéraires* de Shelhorne, t. V, p. 50-80. — Zeltneri *Schediasma de Fausto prastigiatore ex Joh. Fausto à quibusdam ficto.* — Georgii Neumanni *Dissert. historica de Fausto prastigiatore,* 1711, in-4°, etc.

nous les employons aujourd'hui ? ce genre de caractères a-t-il été inventé ou seulement perfectionné par Schoeffer ? quels livres enfin sont sortis les premiers des presses de Mayence ? par qui, quand et comment ont-ils été imprimés ? ces questions sans doute ne sont pas toutes également problématiques, ni toutes également importantes : mais il n'en est aucune qui ne soit résolue de différentes manières dans les divers écrits publiés depuis 1600 jusqu'en 1802, par ceux même qui s'accordent d'ailleurs à faire de Mayence le berceau de l'imprimerie.

Au commencement du XVIIe siècle, Henri Salmuth (1) a déclaré Jean Faust le véritable inventeur de cet art. Il a prétendu que ce Faust, après avoir, vers 1440, imprimé un Abécédaire et un Donat, au moyen de colonnes ou planches de bois, avait ensuite employé des caractères mobiles, jusqu'à ce qu'un de ses ouvriers, Pierre Schoeffer, en fondît de métalliques. Pour Guttemberg, ce

---

(1) Commentaire sur le titre 3 du livre II de Pancirolle, *De rebus memorabilibus*. Les premières éditions du *Commentaire de Salmuth sur Pancirolle* sont de 1600, 1606, 1612, in-8°.

n'était, selon Salmuth, qu'un homme opulent et avide, qui, dans l'espoir d'un gain considérable, associa une partie de ses fonds à l'industrie de Faust, et manqua bientôt après à ses engagemens; ce qui occasionna, en 1455, un procès entre eux, et la rupture de leur société.

Naudé, en 1630 (1), exprime ainsi l'opinion à laquelle il s'arrête, après en avoir discuté quelques autres : « l'honneur de cette
» merveilleuse invention se doit, sans conteste, rapporter à Jean Guttemberg *de la*
» *ville de Strasbourg* : lequel ayant tâché,
» quoiqu'en vain, de la faire réussir en sa
» perfection en ladite ville, se transporta
» enfin à celle de Mayence où il demeura
» tout le reste de ses jours, y ayant obtenu
» le droit de bourgeoisie; d'où vient qu'il
» est appelé *Moguntinus* dans beaucoup
» d'auteurs, et même en l'inscription qui fut
» mise, l'an 1507, sur la maison où il avait
» demeuré en ladite ville (2). Or, s'étant

---

(1) Chap. 7 de l'*Addition à l'histoire de Louis XI*. Paris, Targa, 1630. in-8°.

(2) *Joanni Guttembergensi Moguntino, qui primus omnium litteras ære imprimendas invenit, hâc arte*

» ainsi établi à Mayence, il continua de tra-
» vailler à l'accomplissement de cette sienne
» entreprise ; mais avec de si grands frais,
» que, ne les pouvant seul supporter, il fut
» contraint de s'associer avec un libraire de
» la même ville, qui s'appelait Jean Faust ou
» Fust ; lequel, assisté d'un sien parent,
» nommé Pierre Schoeffer de Gernshein, ou
» Opilio, qui trouva le premier les poinçons
» et matrices, mit enfin cet art en pra-
» tique. »

Mallinckrot, dans un ouvrage publié en
1640 (1), s'attache sur-tout à revendiquer
pour la ville de Mayence l'origine de l'imprimerie. Du reste, il ne décide rien entre
Guttemberg, *strasbourgeois*, Faust et Schoeffer, ou plutôt il les nomme tous trois comme
inventeurs.

En 1689, Lacaille (2) répéta ce que Naudé
avait écrit ; et lorsque Chevillier eut encore,

---

de orbe toto bene merenti, *Ivo vintigensis hoc saxum
pro monumento posuit.*

(1) *De ortu ac progressu artis typograph.* dissertatio historica, à Bernardo Mallinckrot ; Coloniæ
Agripp. Kinchius, 1640, in-4°.

(2) *Histoire de l'imprimerie et de la librairie*, par
Lacaille, Paris, 1689. in-4°.

en 1694 (1), embrassé la même opinion, en la fortifiant du témoignage nouvellement connu de Trithème (2), elle demeura établie en France durant plus de cinquante ans. Guttemberg y fut, *sans conteste*, célébré comme inventeur. Du reste, Chevillier donne pour le plus ancien livre imprimé, une Bible latine sans date qu'il croit publiée vers 1460.

Cependant, dès le commencement du dix-huitième siècle, quelques écrivains étrangers adoptèrent d'autres systèmes. Maittaire, par exemple, en 1719 (3), mit sur une même ligne Faust, Guttemberg et Schoeffer; il les désigna tous trois comme étant les premiers ou entre les premiers imprimeurs; car il ne voyait là rien de très-certain. Il ajoutait que leur société ayant été rompue en 1455, Guttemberg s'était retiré d'abord à Strasbourg, puis à Harlem, où il avait eu pour ouvrier ce

---

(1) *L'origine de l'imprimerie de Paris*, dissertation historique et critique par André Chevillier. Paris, Delaulne, 1694. in-4°.

(2) La seconde partie des *Annales hirsaugienses* fut imprimée pour la première fois en 1690.

(3) *Annal. typograph.* t. I. Hagæ-Com. 1719. in-4°.

Corsellis qui fut attiré à Oxford en 1459 (1). Maittaire conjecturait au surplus que l'imprimerie avait commencé en 1440, et qu'après avoir employé des planches sculptées, on s'était servi de caractères mobiles de bois et enfin de caractères de fonte.

Palmer reproduisit, en 1732 (2), l'opinion de Salmuth : il ne vit dans Guttemberg qu'un prêteur d'argent et un associé de mauvaise foi, dont le nom d'ailleurs n'est joint, dans la souscription d'aucun livre, aux noms des deux véritables inventeurs, Faust et Schoeffer. Palmer fixe à l'année 1440 l'origine de l'imprimerie; il place l'invention des caractères de fonte entre 1440 et 1450; il donne pour la plus ancienne production typographique aujourd'hui subsistante une Bible non datée, mais imprimée, dit-il, vers 1455. En transcrivant ce que raconte de Corsellis la chronique citée par Atkyns, Palmer élève quelques doutes sur ce récit (3), et s'en tient

---

(1) Voyez ci-dessus, p. 50.

(2) *History of printing*, by Palmer, London, 1732, in-4°.

(3) *Neither Atkyns nor his nameless friend pretend to have seen the original, much less to have compar'd*

à dire qu'au moins, en 1468, on imprimait à Oxford ; ce qui même a été fort contesté depuis par des écrivains anglais plus recommandables que Palmer (1).

---

the copy with it. — They give no account wen and by whom this chronicle was written, and how it was bequeath'd to the Lambeth library. — No author, that I know of, besides Atkyns, mentions this chronicle in Lambeth library, except those who quote it from him.... — It is not to be found there now; for the earl of Pembroke assur'd me that he employ'd a person for some time to search for it, but in vain. — It gives an account of some particulars, altogether inconsistent with the more authentic accounts, wich we are now masters of, with respect to the circonstances of the first discovery of the art; so that we may suppose, that, wohever the author was, he has taken some part of his account from common report, and from the Dutch, wo have laid claim to this invention..... etc. (Book III. c. 1.)

(1) On peut distinguer chez les écrivains anglais trois opinions sur l'introduction de l'art typographique dans leur pays.

Les uns, comme Atkyns (*Orig. and growt of printing*. London, 1664. in-4°), admettent le récit de la chronique manuscrite tel qu'on l'a vu ci-dessus, p. 49 et 50.

Les autres, comme Palmer, sans affirmer la vérité de ce récit, ou même en le révoquant en doute,

86 *Analyse des opinions diverses*

Dans une histoire de l'imprimerie, publiée

soutiennent qu'on a imprimé à Oxford, en 1468, un in-8° intitulé : *Sancti Jeronimi expositio in symbolum apostolorum ad papam Laurentium*; ouvrage de Ruffin, attribué à Jérôme dans l'édition qui porte en effet la date 1468, 17 décembre, à Oxford.

Lewis (*Cartoni vita*, 1713); Middleton (*Dissert. concern. the orig. of printing in England*, p. 351-372, du t. V, de ses œuvres mêlées, London, 1755. in-8°), et plusieurs autres, sont persuadés que cette date est erronée, qu'on a mis 1468 au lieu de 1778, et que le véritable fondateur de la typographie anglaise fut Guillaume Caxton, qui imprima en 1474, à Westminster, *The game of the chesse*; in-fol.; traduction anglaise du livre de Jacques de Cessoles, sur le jeu des échecs, faite par l'imprimeur Caxton lui-même.

L'ouvrage le plus étendu que nous ayons sur l'histoire de l'imprimerie dans les îles britanniques, est celui qui a été commencé par Joseph Ames, et augmenté par Will. Herbert; il est intitulé : *Typographical antiquities, or an account of the origin and progress of printing in Great Britain and Ireland*, etc. London, Payne, etc. 1785-1790, 3 vol. in-4°. Ames et Herbert s'abstiennent de prononcer entre les systèmes que je viens d'exposer : c'est toutefois Caxton qu'ils semblent reconnaître aussi pour le fondateur de l'imprimerie en Angleterre. Ils rappellent les éditions qu'il avait d'abord données à Cologne, et commencent ensuite leur catalogue des éditions anglaises par celle

en 1740 (1), Prosper Marchand, conformément à l'opinion qui, comme j'ai dit, dominait alors parmi les écrivains français, nous raconte fort au long comment Guttemberg, vers 1440, imagina chez les Strasbourgeois et perfectionna chez les Mayençais l'art typographique. Cet art, selon Prosper Marchand, ne consista long-temps qu'à graver des lettres à rebours et en relief sur des planches de bois : c'est de cette manière que, peu avant 1450, Guttemberg, aidé de Meydinbach et de Faust, imprima un *Abécédaire*, un *Donat*, même un *Catholicon*. Entre ces planches et les caractères métalliques, Marchand n'admet point les caractères mobiles de bois ; il pense même que ces premiers artistes n'ont pu rien exécuter avec des caractères mobiles de métal, tant qu'ils n'ont su que les sculpter : c'est avec des caractères

---

de la traduction du jeu des échecs en 1474. Lorsqu'à l'article d'Oxford ils parlent de l'*Expositio in symbolum*, datée 1468, ils se contentent de rendre compte des diverses opinions sur cette date. Mais ils paraissent peu disposés à croire ce qu'on raconte de Corsellis.

(1) *Histoire de l'origine et des progrès de l'imprimerie*, par Pr. Marchand. La Haye, 1740, in-4°.

fondus par le procédé qu'inventa Schoeffer, qu'ils commencèrent leur plus ancienne Bible, vers 1450. L'auteur de l'histoire de l'imprimerie ne prononce rien sur la patrie de Guttemberg : il laisse indécises beaucoup d'autres questions, ou contredit lui-même les réponses qu'il y fait. L'érudition est le mérite ou le caractère principal de ce livre : elle déborde dans l'ouvrage même, dans les notes, dans les remarques sur les notes, dans les additions, dans les observations sur les pièces justificatives ; mais les résultats de tant de citations ne sont ni précis ni invariables.

Schwarz écrivait aussi en 1740 des dissertations sur l'origine de l'imprimerie (1). Dans la première, il cite les pièces du procès entre Guttemberg et Faust, la lettre de Conrad Humery, la chronique publiée à Rome chez Philippe de Lignamine, et celle de Palmer de Pise. De ces autorités, Schwarz conclut

---

(1) *Primaria quædam documenta de origine typographiæ*, auctore Chr. Gott. Schwarz. Altorfii 1740, in-4° : cet ouvrage a été réimprimé en 1793, à Nuremberg, dans un volume in-4° qui contient d'autres écrits du même auteur, et qui est intitulé : *Chr. Gottl. Schwarz opuscula quædam academica.*

que Guttemberg était noble et Mayençais; qu'il imprimait avant 1449, époque de la formation de sa société avec Faust; que ce Faust n'a contribué aux progrès de l'art typographique que par ses conseils et par son argent; que Schoeffer, clerc du diocèse de Mayence, qui inventa des caractères de fonte, n'est pas le même que Schoeffer de Gernsheym, simple ouvrier et laïc, marié à Fusthine; qu'enfin Guttemberg est mort avant le 25 février 1468. Les mêmes conséquences résultent, dans la seconde dissertation, de l'examen qu'y fait Schwarz des premières éditions de Mayence : mais il en conclut de plus que Guttemberg continua d'imprimer dans cette ville après la rupture de la société avec Faust. C'est aux presses de Guttemberg qu'il attribue, par exemple, le *Catholicon* de 1460, dont la souscription ne nomme aucun imprimeur. La troisième dissertation de Schwarz confirme les résultats des deux autres par divers détails sur les premières imprimeries de l'Italie et de l'Allemagne (1).

---

(1) Le *Jubilé typographique* de 1740 a produit plusieurs autres dissertations qui n'ajoutent rien à ce que nous avons vu jusqu'ici. Telles sont les Re-

Un autre système a été développé par Fournier dans les quatre ouvrages qu'il a fait paraître depuis 1758 jusqu'en 1761 (1). Il prétend que Guttemberg n'est point l'inventeur de l'imprimerie ; mais il le prétend par des motifs qui pourraient être employés à soutenir l'opinion contraire. Cela vient de ce qu'il définit la typographie proprement dite, tout autrement que la plupart des écrivains. Il la distingue de la *taille de bois*, nom générique sous lequel il comprend les planches de bois fixes et les caractères mobiles de la même matière ; c'est dans les caractères de fonte qu'il fait consister la typographie.

---

marques d'Engel adressées au *Journal helvétique*, juillet 1741 ; la *Défense de Guttemberg*, par Kohler ; la *Typographia jubilans* de Fred. Chr. Lesser ; diverses pièces de Chr. Munden, de Klettemberg, de Schlotzhaver, recueillies dans un vol. in-12, à Francfort, en 1741, etc.

(1) *Dissert. sur l'orig. et les progrès de l'art de graver en bois*. Paris, Barbou, 1758. — *De l'orig. et des product. de l'impr. primitive en taille de bois*. Ibid. 1759. — *Observat. sur les* Vindiciæ typograph. *de Schoepflin*. Ibid. 1760. — *Remarques*, etc. *pour servir de suite au* Traité de l'orig. de l'imprim. Ibid. 1761, in-8°.

D'après ces définitions peu ordinaires, et que d'ailleurs il n'expose peut-être ni assez nettement ni assez tôt, il soutient, 1°. que, long-temps avant Guttemberg, la taille de bois avait été employée à l'impression des images et des inscriptions qui les accompagnaient; 2°. que Guttemberg, durant son séjour à Strasbourg, essaya d'appliquer cet art à l'impression des livres; 3°. que, de retour à Mayence sa patrie, il imprima d'abord, au moyen de tailles sculptées et solides, le *Donat* et le *Catholicon* (1); 4°. qu'ensuite Guttemberg et Faust *imaginèrent de séparer les lettres en les sciant sur le bois, afin de pouvoir en varier la composition*; 5°. que, par cette seconde espèce de taille de bois, ils donnèrent deux éditions de la Bible, dont la première fut entreprise vers 1450; 6°. qu'après la rupture de la société entre Faust et Guttemberg, il s'en forma une autre entre Faust et Schoeffer, qui imprimèrent avec des caractères mobiles de bois les *Psautiers* de 1457 et 1459; 7°. enfin, que Schoeffer inventa, vers 1458, la typo-

---

(1) C'est du *Catholicon* de Jean Balbi que parle ici Fournier.

graphie véritable, c'est-à-dire, les caractères de fonte, dont les premiers fruits furent le *Durandi rationale* de 1459, et le *Catholicon* qui, commencé avant le *Durand*, ne fut achevé qu'en 1460.

Quoiqu'on pût contester à Fournier ses définitions, plusieurs de ses conjectures (1), et même quelques-uns des faits qu'il avance (2); son système, fort prôné au moment de sa publication (3), avait fait une sorte de fortune, lorsqu'en 1771 il fut renversé par Heinecken (4), qui y substitua le récit dont je vais donner un abrégé.

---

(1) Par exemple, que la première *Bible* sans date et les deux premiers *Psautiers* soient en caractères mobiles *de bois*....

(2) Par exemple, que Guttemberg ait imprimé un *Catholicon* de Jean Balbi avant la première *Bible* sans date ; que Guttemberg et Faust aient donné deux éditions non datées de la *Bible*.... Il est aussi fort douteux que le *Catholicon* de 1460 soit de Faust et Schoeffer.

(3) *Journal des Savans*, 1758, p. 479; 1759, p. 709, etc.

(4) *Idée générale d'une collection complète d'estampes*. Leipsick, etc. 1771, in-8°.

Les cartiers sont les premiers qui aient exécuté des sujets historiques, entremêlés de textes, le tout gravé sur des tables de bois. Guttemberg, en considérant leurs ouvrages, imagina que si l'on taillait chaque lettre séparément, on pourrait, avec les mêmes caractères, imprimer successivement tout ce qu'on voudrait. Il s'occupa si sérieusement de cette entreprise, qu'il y dépensa tout son bien et celui de ses associés à Strasbourg, sans jamais venir à bout d'imprimer une seule feuille nette et lisible. Il fallait régler avec justesse les dimensions de toutes ces tiges, percer chaque lettre d'un trou, faire passer un fil dans les trous de toutes les lettres d'une même ligne, contenir ensuite toutes les lignes avec un châssis et des vis : chacune de ces opérations présentait beaucoup de difficultés, et obtenait fort peu de succès. Obligé, par le mauvais état de ses affaires, de quitter la ville de Strasbourg, Guttemberg vint à Mayence, et y continua son entreprise avec Jean Faust. Ils commencèrent par un *Donat*, ou *Vocabulaire*, ou *Catholicon* ; car ces trois noms ne désignent vraisemblablement qu'un même ouvrage ; mais comment fut-il exécuté ? avec des tables de bois sans nul doute ; car on en possède encore quelques-unes. Ce n'est pas que la recherche d'un autre procédé n'occupât toujours Guttemberg et Faust : mais ni les lettres mobiles de bois, ni les caractères mobiles de métal, sculptés, façonnés au couteau, amollis au feu, ne purent jamais leur servir à l'impression d'un seul livre. Après avoir donc perdu beaucoup de temps et d'argent dans ces essais, Faust, peut-être avec l'aide de Pierre Schoeffer, imagina enfin les poinçons et les matrices pour fondre des lettres de métal. Le premier fruit de cette invention fut la Bible latine qui parut entre 1450 et 1452. Elle fut suivie des lettres de Nicolas V, des Statuts de Mayence, enfin du Psautier en 1467.

Un supplément à l'histoire de l'imprimerie, de Prosper Marchand, supplément dont la première édition est de 1773, et la seconde de 1775 (1), a pour auteur Mercier, abbé de Saint-Léger. Ce savant bibliographe a évité d'énoncer dans cet ouvrage une opinion bien formelle sur l'origine de l'imprimerie : cependant si l'on rassemble un certain nombre

―――――――――――

(1) Paris, Pierres, in-4°.

des observations critiques dont il a composé ce supplément, on en pourra conclure qu'il trouvait peu satisfaisant ce qui s'était dit en faveur de Harlem et de Strasbourg; qu'il croyait qu'après les planches fixes, on avait employé des caractères mobiles de bois, et que ce second procédé avait servi à l'impression des *Confessionalia* et d'un *Donat*; qu'il doutait de la possibilité d'exécuter xylographiquement le volumineux *Catholicon* de Jean Balbi; qu'il regardait comme la première édition de cet ouvrage celle qui porte la date de 1460, et qui est incontestablement faite avec des caractères de fonte; que des caractères du même genre lui paraissaient avoir servi, non seulement pour les Psautiers de 1457 et 1459, mais antérieurement pour les lettres de Nicolas V; que d'ailleurs il distinguait, comme Meerman, deux frères Gensfleich : l'ancien, qui n'avait point habité Strasbourg, et le jeune, dit Guttemberg, qui, de Strasbourg où il s'était retiré avant 1439, vint, en 1445, rejoindre son aîné à Mayence, dans la maison de Zumjungen.

Würdtwein, au contraire, dans sa *Biblio-*

thèque (1) *mayençaise*, publiée en 1789, ne reconnaît qu'un seul Jean Genssfleich, autrement dit ou Guttemberg ou Sorgelock. Il pense que ces trois noms appartiennent à un même homme né à Mayence, non à Strasbourg, et auquel on doit les premières productions typographiques. L'auteur ne met point au nombre de ses productions l'édition chimérique du *Doctrinal* d'Alexandre *de Villâ-Dei*, citée par Hadrianus Junius. Il s'arrête peu au *Donat*, à la *Table abécédaire* et aux autres ouvrages qu'on dit exécutés au moyen de planches de bois. Le premier livre imprimé avec des caractères mobiles ou de bois ou de métal, lui paraît être la Bible sans date, commencée en 1450.

Le citoyen Lambinet (2) doit être mis au nombre de ceux qui attribuent à la ville de Mayence les premières productions de la

---

(1) *Bibliotheca Moguntina*, à Steph. Alex. Würdtwein, Augustæ-Vindelic. Bugler, 1789. in-4°.

(2) *Recherches sur l'origine de l'imprimerie, particulièrement sur ses premiers établissemens dans la Belgique*. Bruxelles, an 7. in-8°.

véritable typographie. Il dit, à la vérité, que Strasbourg est le berceau de cet art; mais tout ce qu'il entend par-là, c'est que Guttemberg fit dans cette ville ses premiers essais et y conçut même l'idée des caractères mobiles: d'ailleurs il pense que ces tentatives y furent infructueuses, il ne les reconnaît dans aucune édition aujourd'hui subsistante; il trouve de l'obscurité dans les actes du procès de 1439; il ne sait si les *formes* dont ces actes font mention étaient solides, ou composées d'élémens mobiles, et, dans le dernier cas, si ces élémens étaient de bois ou de métal; il soutient de plus contre Schoepflin, que Guttemberg, retournant, en 1445, à Mayence, ne laissa dans Strasbourg ni presses ni élèves; il donne une date bien moins ancienne aux éditions de Mentellin et d'Eggestein. Le citoyen Lambinet ajoute qu'à Mayence Guttemberg, Faust son associé, et quelques autres, *commencèrent par imprimer en caractères fixes, gravés sur des planches de bois, un* Vocabulaire latin *ou* Catholicon, *qui n'était que la grammaire abrégée qu'on appelle aussi* Donat: il n'admet aucune production intermédiaire entre cet opuscule et le Psautier de 1457, premier fruit, selon lui, des caractères de fonte; il ne veut attribuer à la société de Guttemberg et de Faust aucune des Bibles sans date (1), et il conjecture que la lettre de Nicolas V a été imprimée plus tard que Schelhorn, Breitkof, Haerbelin, Heinecken et Meerman ne l'ont cru. Au surplus, il pense, avec plusieurs autres bibliographes, qu'après 1455, il y eut deux imprimeries à Mayence : celle de Faust et Schoeffer, qui produisit deux Psautiers, le *Durand* de 1459, etc. ; et celle de Guttemberg, à laquelle il rapporte le *Catholicon* de 1460. L'exposition de ce système est précédée, dans l'ouvrage du citoyen Lambinet, de plusieurs recherches sur la gravure en relief et en creux chez les anciens, sur l'imprimerie par tables fixes chez les Chinois, sur les cartes à jouer fabriquées en Allemagne et en France au quatorzième siècle, et sur les premiers livres avec figures. L'auteur traite de fables tout ce qu'on a dit de Laurent Coster. « Il n'existe, dit-il,

---

(1) Cette opinion particulière contredit à la fois le témoignage de Trithème, une tradition constante, et les résultats de beaucoup de recherches bibliographiques.

» aucune preuve que ce personnage ait été
» graveur, sculpteur, imprimeur, et il est
» même douteux qu'il ait été cartier ou
» faiseur d'images. »

Enfin, il vient d'être publié, en l'honneur de la ville de Mayence, un très-estimable *Essai sur les monumens typographiques de Guttemberg*. L'auteur, le citoyen Fischer, en adoptant la plupart des idées du citoyen Lambinet, en rejette expressément quelques-unes, et sur-tout celle qui concerne la première Bible non datée. Il ne doute point que cette Bible, l'un des plus anciens produits des caractères de fonte, ne soit due aux presses des associés Guttemberg et Faust.

Parmi les systèmes qui tendent à placer le berceau de l'imprimerie ailleurs qu'à Mayence, Strasbourg et Harlem, on distingue celui de Desroches, secrétaire de l'Académie de Bruxelles (1). Desroches a trouvé, dans le recueil des priviléges d'une confrairie de saint Luc, à Anvers, un acte émané du sénat de cette ville, le 22 juillet 1442, acte où les *printers* sont mis au nombre des a-

---

(1) *Mémoires de l'Acad. de Bruxelles*, t. I, p. 513. 1780. in-4°.

tistes qui composent cette confrairie. Or, dans la langue belgique du quinzième siècle, le mot *printer* signifie imprimeur de livres : c'est en ce sens que l'emploient plusieurs autres actes contemporains. L'auteur cite aussi une chronique manuscrite de Brabant, commencée en 1318, finie en 1530, dans laquelle, sous le règne de Jean II, duc de Brabant, mort en 1312, il est question d'un Louis de Vaelbeske, inventeur de l'art d'imprimer; inventeur, ajoute Desroches, non des caractères de fonte qu'on doit à Schoeffer, non des caractères métalliques sculptés qu'on peut attribuer à Guttemberg, à Fust ou à Mentel, mais de l'imprimerie en bois, tant par estampes que par types isolés. Pour Laurent de Harlem, il n'inventa rien, selon Desroches qui rassemble ici beaucoup de preuves négatives contre l'opinion de Meerman. L'académicien de Bruxelles conclut que c'est à Louis de Vaelbeske et à ses élèves immédiats que nous devons les premiers livres avec figures, les plus anciens *Donats*, les plus anciens livrets d'église et d'école. Si vous lui dites que les auteurs du quatorzième siècle n'en parlent pas, il répond que des productions si chétives ne devaient pas exciter leur attention; les savans connaissaient à peine l'existence d'un art naissant, incapable encore de leur rendre d'importans services, et qui ne satisfaisait qu'aux goûts du peuple et aux besoins des enfans. Voilà comment, selon Desroches, l'imprimerie, même en caractères mobiles, aurait été inventée et ignorée au quatorzième siècle.

Cette opinion est absolument dénuée de preuves en ce qui concerne la mobilité des types : mais sur les autres points elle n'a été peut-être que bien faiblement réfutée par Ghesquière (1). Il est fort possible que Louis de Vaelbeske ait en effet imprimé, au quatorzième siècle, des cartes, et même des images accompagnées de quelques textes; et rien sur-tout n'empêche que, dans un acte de 1442, le mot *printers* ne signifie des imprimeurs (2) en planches solides.

---

(1) Dans l'*Esprit des journaux*, juin 1779, p. 252. — Breitkopf a publié aussi en 1779, contre le système de Desroches, des observations qui doivent être développées dans un ouvrage qu'il a laissé sur l'histoire de l'imprimerie, et dont la publication est encore attendue. Voyez aussi Lambinet, p. 402.

(2) Mercier de Saint-Léger a relevé dans l'*Esprit*

En réfutant Desroches, Ghesquière propose lui-même (1) un système non moins singulier. Il prétend que, dès 1445, on vendait à Bruges des livres *jetés en moule* (2), tels que le *Doctrinale* (3), le *Liber faceti* (4),

---

des journaux, novembre 1779, p. 236, plusieurs erreurs de Ghesquière; mais avant de les réfuter il dit que cet écrivain *a démontré victorieusement que les Printers n'étaient point imprimeurs*. J'avoue que je n'ai vu dans la lettre de Ghesquière aucune démonstration. Il faut d'ailleurs s'entendre sur le sens du mot *imprimer*, qui peut s'appliquer sans doute à d'autres procédés qu'à l'emploi des caractères mobiles. *Printers* est traduit par *imprimeurs sur bois* dans les *Recherches* du citoyen van Praet *sur Colard Mansion*. (*Esprit des journaux*, février 1780, p. 231.)

(1) *Esprit des journaux*, juin 1779 et avril 1780, p. 231.

(2) *Getés en molle*, *mis en molle*, *escripts en molle*, *mollés*, mots employés dans plusieurs chroniques et dans quelques souscriptions d'éditions du quinzième siècle pour dire *moulés*, *imprimés*; mais c'est à l'imprimerie tabellaire que toutes ces expressions ont été d'abord appliquées.

(3) Le *Doctrinal* mentionné comme acheté à Bruges, dans le *Mémorial* de l'abbé de Saint-Aubert, est, selon Ghesquière, le *Doctrinal de sapience* de Guy

et il ajoute que, vers 1450, Jean Brit ou Briton fit paraître dans la même ville un in-4°. de soixante pages (1), imprimé en

---

de Roye, ouvrage théologique assez épais. Mercier de Saint-Léger (*Esprit des journaux*, novembre 1779), prouve qu'il ne s'agit que de l'opuscule grammatical d'Alexandre de Villedieu, *Doctrinale puerorum*.

(4) *Liber facett docens mores hominum*. Il ne paraît point du tout que l'abbé de Saint-Aubert ait fait acheter ce livret imprimé. Il est dit seulement dans son *Mémorial* qu'il paya la *fachon* de ce livre, que le maître d'école avait fait faire en papier pour son élève; ce qui, comme l'observe Mercier, n'a aucun rapport à l'imprimerie.

(1) Intitulé ainsi : « C'est cy la coppie des deux
» grands tableaux..... attachiez au-dehors du chœur
» de l'église de N. D. de Terewane..... pour l'instruc-
» tion et doctrine des Xpiens.... laquelle doctrine fut
» composée.... par Jehan Jarson (Gerson).... et ce
» à la requête de.... l'évêque de Terewane Mathieu
» Regnault, dont N. S. J. veuille avoir l'âme. »
A la fin du livre on lit les six vers suivans :
Aspice praesentis scripturae gratia quae sit,
Confer opus opere: spectetur codice codex.
Respice quàm mundè, quàm tersè, quàmque decorâ
Imprimit hoc civis Burgensis Brito Johannes,
Inveniens artem nullo monstrante mirandam.
Instrumenta quoque non minus laude stupenda
« Qu'est-ce que ce volume? dit Mercier; le voici.

Analyse des opinions diverses
caractères de fonte. Supposons, si l'on veut, qu'au milieu du quinzième siècle quelques livrets aient été vendus dans la ville de Bruges; du moins rien n'invite à les regarder comme des produits de l'imprimerie en

» selon les apparences. A la demande de l'évêque
» de Térouanne, Jean Gerson composa un écrit que
» le prélat fit transcrire en deux grands tableaux atta-
» chés en dehors du chœur de son église. Jean de
» Brit, écrivain habile, copia depuis ces deux tableaux,
» et au bas de sa copie il mit les six vers latins dans
» lesquels il relève la beauté, l'élégance, la netteté
» de cette copie, ajoutant qu'il a trouvé un art (d'é-
» crire) et des instrumens (pour l'écriture) fort éton-
» nans. Vint ensuite un imprimeur (vers 1478 ou
» plus tard encore) qui mit sous presse cette belle
» copie de Jean de Brit, et qui fit passer dans son
» édition les vers latins du manuscrit. »

Imprimit ne signifie pas toujours imprimerie proprement dite, et peut ne désigner que l'écriture. Parmi les exemples qu'on en donne, l'un des plus frappans est celui que Mercier tire d'un poëme adressé par César Malvicin à Spannochi, Siénois célèbre dans l'art de tracer de fort petits caractères, maître d'écriture de Charles IX et d'Henri III; on remarque dans ce poëme ces deux vers :

*Quin alii in latam nequeunt traducere frontem,
  Arte tuâ impressum quod brevis unguis habet.*

caractères mobiles; ils n'appartiendraient qu'à l'imprimerie tabellaire. Quant à l'in-4º. sans date de Jean Briton, où est la preuve qu'il ait paru vers 1450? Il est infiniment plus vraisemblable qu'il a été publié vers 1478 seulement, non par Briton qui n'était qu'un copiste (1), mais par un imprimeur qui aura transcrit la souscription d'un manuscrit dû à l'art de ce Briton de Bruges. On ne manque point d'exemples de ces souscriptions empruntées, qui ont passé ainsi des manuscrits aux imprimés, et quelquefois même des imprimés à des manuscrits postérieurs (2).

Après avoir parcouru tant d'opinions diverses, on est étonné, affligé même de l'incertitude qu'elles répandent sur des faits peu reculés, et qui sont d'ailleurs importans, puisqu'ils concernent l'origine d'un art dont

---

(1) On ne trouve le nom de Jean Briton dans la souscription d'aucune édition du quinzième siècle. Le fondateur de l'imprimerie à Bruges fut Colard Mansion, vers 1472.

(2) Voyez la notice d'un manuscrit intitulé: *Tournois de la Gruthuse*; par le citoyen van Praet. (*Esprit des journaux*, octobre 1780, p. 226.)

l'influence est si vaste. Cependant les abrégés, les dictionnaires vont répétant *que Guttemberg inventa l'imprimerie à Mayence en 1440* : aucun n'avertit que chaque mot de cette ligne n'est après tout qu'une conjecture. Ils se transmettent comme une formule cet assemblage de circonstances, dont quelques-unes sont incompatibles ; car nous avons vu qu'en 1440 Guttemberg n'était point à Mayence. Combien de semblables lignes dans l'histoire! combien de ces résultats courts et commodes dont l'autorité s'ébranle lorsqu'on les discute! Mais, dira-t-on, que deviendraient nos connaissances historiques, si, après en avoir retranché les mensonges bien reconnus, il fallait en exclure encore les à-peu-près, les traditions vagues et les vraisemblances?

Quoi qu'il en soit, si je dois dire quel est sur l'origine de l'imprimerie le système que je préfère, je désignerai celui de Heinecken, mais modifié à beaucoup d'égards, et surtout proposé comme une timide conjecture.

Voici au surplus comment je conçois la série des faits qui tiennent à l'histoire de l'imprimerie :

1°. On sait que les anciens ont gravé en

creux et en relief des figures et des caractères sur le bois, sur les écorces, sur les pierres, sur le marbre, sur les métaux. L'art monétaire qu'ils ont connu est sans doute très-voisin de l'imprimerie, au moins tabellaire; et l'on peut dire même qu'ils ont eu quelque idée des caractères mobiles (1). Il semble qu'il leur restait assez peu de pas à faire pour arriver à la typographie; mais ces pas en apparence si faciles, ils ne les ont point faits; enfin ils ont continué d'employer, pour la transcription et la propagation des livres, des moyens beaucoup moins commodes, moins rapides et moins sûrs.

---

(1) Les transpositions et les renversemens de lettres que l'on remarque en certaines médailles, ont fait quelquefois conjecturer que les anciens se servaient de caractères séparés. J'ai transcrit ci-dessus, p. 5, le texte de Cicéron où l'idée de la mobilité des lettres semble exprimée : elle ne l'est peut-être pas moins dans Quintilien (*Inst. orat.* lib. I, cap. 1), lorsqu'il parle de lettres d'ivoire avec lesquelles les enfans peuvent apprendre à lire en se jouant : *Eburneas litterarum formas in lusum offerre.* Jérôme, dans sa lettre à Læta, dit aussi : *Fiant ei* (Paulæ) *litteræ vel buxeæ, vel eburneæ, et suis nominibus appellentur. Ludat in eis, ut et lusus ipse eruditio fiat*, etc.

2°. Ceux qui recherchent dans les premiers siècles de l'ère vulgaire des essais de l'art d'imprimer, citent sur-tout le livre d'Ulphilas, conservé dans la bibliothèque d'Upsal. C'est une traduction des quatre évangiles en langue gothique, rédigée, dit-on, par Ulphilas, évêque des Goths, vers 370. Ce volume, souvent désigné sous le nom de *Codex argenteus*, présente des lettres d'or et d'argent tracées sur un vélin de couleur de pourpre. On l'avait généralement considéré comme un manuscrit, lorsqu'en 1752, Ihre (1) prétendit qu'il était imprimé avec un fer chaud (2). L'empreinte des caractères, concave d'un côté, convexe de l'autre; les feuilles usées en certains endroits, des lettres transposées, d'autres effacées, quelques-unes figurées seulement par des trous; la parfaite ressemblance des traits, une colle employée pour maintenir l'adhérence des couleurs : telles sont les circons-

---

(1) *Ulphilas illustratus*, à Joh. Ihre. Holmiæ, 1752; Upsaliæ, 1755, dissert. duæ, in-4°.

(2) *Nec pennâ nec calamo scriptum; sed.... calefacto quodam ferro litteras membranæ impressas fuisse.*

tances sur lesquelles Ihre a fondé son opinion. Selon lui, ce livre est un monument de l'écriture encaustique des anciens (1), art dont la pratique subsiste encore dans les procédés que les relieurs emploient pour empreindre des titres sur le dos des livres (2). On a fort combattu ce système (3) : on a dit que l'application d'un fer chaud aurait fait retirer en tout sens chaque feuille de vélin ; on a dit que l'encaustique employée par les anciens, dans les tableaux, n'était analogue à aucune manière d'écrire, ou de graver des caractères. Mais enfin, quand on l'admettrait, ce peu vraisemblable système, ce ne serait là, de l'aveu d'Ihre, qu'un art voisin de la typographie, et non pas la typographie elle-même (4).

---

(1) *Antiquiori ævo scripturæ genus fuisse quod encaustum dixere, quodque multorum sæculorum oblivione ità jàm desitum est, ut apud Pancirollum inter artes deperditas locum invenerit.*

(2) *Ex inspectione ipsius codicis patebit encausticam scripturam peractam fuisse penè ad eumdem modum quo bibliopegi libros titulis ornant.*

(3) Fournier, *De l'origine et des productions de l'imprimerie*, p. 106.

(4) *Et hinc adeò animadvertimus quàm propè, re-*

3°. S'il ne s'agissait que de l'imprimerie tabellaire, c'est dans l'Orient qu'il faudrait en chercher l'origine. Sans parler de l'art d'imprimer les couleurs sur les papiers et sur les étoffes, art connu en Asie depuis bien des siècles, l'impression même des livres est fort ancienne à la Chine. En écartant, comme trop dénuée de preuves, l'opinion de Roccha, qui fait remonter au siècle d'Alexandre cette imprimerie chinoise (1), on peut au moins reconnaître avec Couplet (2) qu'elle existait dès le dixième siècle de l'ère vulgaire, et il est encore plus simple d'avouer avec Maffei (3), Kircher (4), Duhalde (5),

---

motissimis temporibus, à typographiæ invento abfuerint.

(1) *Eam in magno Sinarum regno antè annos plus minus bis mille in usu fuisse..... accepi à multis.... et præsertim à Mich. Rogerio neapolitano è S. J. qui.... ait se legisse libros verbis et caracteribus siniacis impressos antè salvat. nostri adventum annos circiter* 400 (Roccha, *Biblioth. Vatic. illustrata*, p. 410, Romæ, 1591. in-4°.)

(2) *Sub hoc* (Mimeum) *typographia cœpit.* (Pag. 65 de la table chronologique qui termine le volume intitulé: *Confucius Sinarum philos. sive scientia sinensis.* Paris, 1687, in-fol.)

la difficulté de fixer l'époque où elle a commencé. Quoi qu'il en soit, on convient généralement qu'elle est purement tabellaire (1). Duhalde, à la vérité, dit « que les Chinois » n'ignorent point la manière dont on imprime en Europe, qu'ils ont des caractères mobiles, qu'ils s'en servent pour corriger, tous les trois mois, le tableau de l'état de leur empire (2) » : mais ce second

---

(3) Page 112 *Histor. indicat.* Colonie, 1589, in-fol.

(4) Page 222 *Chin. illustrat.* Amstel. 1667. in-fol.

(5) *Description de la Chine.* Paris, 1735. 4 vol. in-fol. « On voit un grand nombre de livres à la Chine, » parce que, de temps immémorial, on a eu l'imprimerie. » (T. II, p. 229.)

(1) « Le nombre des caractères, dit Duhalde, étant » presque infini à la Chine, il n'y a pas moyen d'en » fondre une si prodigieuse multitude ; et quand même » on en viendrait à bout, la plupart seraient de très-» peu d'usage..... Ils font transcrire leurs ouvrages par » un excellent écrivain, sur un papier mince, délicat » et transparent ; le graveur colle chacune des feuilles » sur une planche de bois.... et avec un burin il suit » les traits et taille en épargne les caractères.... Cette » façon d'imprimer est commode, en ce qu'on n'imprime les feuilles qu'à mesure qu'on les débite..... »

(2) Duhalde ajoute que ces caractères mobiles sont

procédé n'est pas très-ancien parmi eux, comme l'observe Kircher (1), et tout porte à croire que c'est des Européens qu'ils le tiennent.

4°. En Europe, les cartes à jouer ont été, selon plusieurs bibliographes, les premiers essais de l'imprimerie tabellaire. Mais il s'en faut bien que l'on soit d'accord sur l'origine de ces cartes, sur le temps et le lieu où elles furent inventées, sur la nature des procédés employés à la fabrication des plus anciennes. Selon Bullet (2), elles sont nées en France, à la fin du règne de Charles V, vers 1376 (3). Selon Heinecken, elles étaient

---

de bois. Il serait à désirer que ce fait pût être bien éclairci.

(1) *De hoc invento Sinis olim nihil unquam innotuit.*

(2) *Recherches historiques sur les cartes à jouer.* Lyon, 1757, in-8°.

(3) Bullet cite en preuves les figures et les noms qu'on voit sur les cartes, les couronnes, les sceptres fleurdelisés, des édits, des lois ecclésiastiques, des chroniques, sur-tout l'*Histoire du petit Jehan de Saintré*, où on lit que les pages de Charles V jouaient aux dés et aux cartes.

Quelques-uns retardent l'invention des cartes jusqu'en 1392, époque de la démence de Charles VI.

connues en Allemagne vers l'année 1300 (1). Bullet pense que jusqu'au commencement du quinzième siècle, elles n'ont été que peintes à la main, comme les ornemens des manuscrits (2). Heinecken soutient que ce

---

Cette opinion, solidement combattue par Bullet, par Villaret (*Hist. de France*, t. XII, in-12, p. 156), etc. est aujourd'hui abandonnée.

(1) *Idée d'une collection d'estampes*, p. 237-246. Heinecken invoque sur-tout l'autorité d'un livre allemand : *Das guldin spiel* (le jeu d'or), imprimé par Gunther Zeiner en 1472, in-fol. où il est dit que le jeu de cartes a commencé à prendre cours en Allemagne en 1300. Heinecken décrit d'ailleurs les cartes allemandes que Bullet semble n'avoir point connues.

Rive, dans ses *Éclaircissemens sur l'invention des cartes à jouer*, prétend qu'elles étaient en usage chez les Espagnols dès 1332; ce qui peut sembler douteux.

D'autres croient les cartes antérieures à l'an 1300. Breitkopf, dans l'*Essai* qu'il a composé sur leur origine, dit qu'elles viennent d'Italie, où elles existaient en 1299. Quant à Papillon, qui, dans son *Traité de la gravure en bois*, les déclare établies en France dès 1254, il cite un édit de Louis IX où il n'est point question de cartes, mais de plusieurs autres jeux : *Prohibemus districte ut nullus homo ludat ad taxillos, sive aleis, aut saxis.*

(2) Ici Bullet cite, après Ménestrier, cet article

procédé n'était employé qu'à l'égard de celles que l'on destinait aux princes, mais que celles dont le peuple et sur-tout les gens de guerre faisaient un fréquent usage, étaient, dès 1395, ou imprimées ou enluminées au moyen de patrons découpés à jours. Pour résoudre ces questions, plus agitées qu'éclaircies, il faudrait pouvoir examiner un grand nombre des plus anciennes cartes à jouer.

5°. L'origine de la gravure en bois, chez les Européens, est fort obscure (1). Ont-ils appris cet art en Orient, au temps des croisades? On en doutera beaucoup, si l'on observe qu'ils n'ont commencé à le pratiquer qu'assez long-temps après ces expéditions malheureuses, et que ce n'était point d'ailleurs avec les peuples les plus cultivés de l'Asie, avec les Chinois, par exemple, qu'ils

---

d'un compte du trésorier de Charles VI : « Donné à
» Jacquemin Gringonneur, peintre, pour trois jeux de
» cartes à or et à différentes couleurs de plusieurs
» devises, pour porter devers ledit seigneur roi, pour
» son esbattement, 56 sous parisis. »

(1) Heinecken, p. 217-250. — Lambinet, ch. 4. — Papillon, chap. 7 de la première partie de l'ouvrage intitulé : *Traité historique et pratique de la gravure en bois.* Paris, Simon, 1766. 2 vol. in-8°.

avaient eu des communications fréquentes. Il est sûr de plus, que, sans recourir aux Orientaux, on trouvait en Europe, au quatorzième siècle, tout ce qui pouvait suggérer l'idée de la gravure. On avait sous les yeux, non seulement des médailles et divers monumens antiques, mais encore les ouvrages des sculpteurs, des ciseleurs, des fondeurs du douzième et du treizième siècles. De tous côtés, les portiques, les tombeaux, les autels présentaient des figures taillées en creux ou en relief sur les métaux, sur la pierre et sur le bois; il ne s'agissait que de concevoir la pensée d'en tirer des copies par voie d'impression. Cette pensée, on la conçut vraisemblablement dans le cours du quatorzième siècle, et peut-être avant 1350. Mais est-elle née en Italie, ou en Allemagne, ou en Hollande, ou dans la Belgique? Nous n'avons sur ces questions aucun renseignement qui puisse déterminer l'opinion d'un homme impartial. Les noms des premiers graveurs en bois ne sont pas venus jusqu'à nous; ce Luprecht Rust que l'on citait comme l'inventeur, est un personnage imaginaire (1).

---

(1) De Murr, *Journal de l'histoire des arts*, t. II, p. 122.

Quant aux premières productions de cet art, les plus anciennes seraient assurément celles que Papillon (1) rapporte à l'année 1285, si leur authenticité n'était pas infiniment suspecte. On ne cite qu'avec défiance celle qui porte la date 1384, et qui se trouvait dans la bibliothèque de l'académie de Lyon (2). Mais il ne reste aucun doute sur une image de

---

(1) Tome I, p. 63-92. Il s'agit de huit estampes relatives à l'histoire d'Alexandre dit le Grand. Papillon raconte en 1766 qu'il les a vues en 1719 ou 1720 chez un capitaine suisse, à Montrouge; elles portaient les noms des artistes Isabel. et Alex. Alb. Cunio, deux frères qui vivaient sous le pape Honorius IV, ainsi que l'attestaient des notes jointes à ces estampes.

Heinecken n'a pas même fait mention de ces huit gravures. Il se contente d'observer (p. 150) que le tome premier de Papillon *est rempli d'erreurs, de fables, de minuties, tellement qu'il ne vaut pas la peine de les réfuter.* Il ajoute (p. 239) que Papillon *est un écrivain trop ignorant pour être allégué à l'avenir.* Ce jugement est fort dur; mais on est obligé d'avouer qu'il y a peu de critique dans l'ouvrage de Papillon.

(2) Elle représente un vieillard vêtu d'une simarre; et dont le nom, *Schoting de Nuremberg*, est gravé au bas de l'image. (*Journal encyclopédique*, 1783, t. II, p. 124.)

saint Christophe, datée de 1423, et que l'on a découverte dans la bibliothèque des chartreux de Buxheim (1) : il est même fort probable que cette estampe en bois est moins ancienne que plusieurs de celles qui ne sont point datées.

6°. On avait, selon toute apparence, imprimé beaucoup de cartes et de gravures isolées, lorsqu'on publia les premiers de ces recueils auxquels on a donné le nom de *livres*, soit à cause du nombre de leurs feuilles, soit à cause des textes qui s'y trouvent mêlés aux figures. Il serait fort téméraire de vouloir déterminer, dans les quarante premières années du quinzième siècle, les époques de la publication des plus anciens de ces livres. Nous ne savons pas non plus d'une manière précise en quels lieux, en combien de lieux, l'imprimerie tabellaire était alors pratiquée. Mais on cite la ville de Harlem; et, s'il est impossible d'accorder à Meerman que Laurent Janssoen, dit Coster, y ait fabriqué et employé des caractères mobiles, il y a peut-être aussi trop de rigueur à traiter de

---

(1) De Murr, *Journal de l'histoire des arts*, t. II, p. 104.

fables (1) toutes les circonstances de l'histoire de ce Coster. Il semble que les témoignages de la chronique de Cologne et de Marie-Ange Accurse, que les traditions recueillies par van Zuyren et par Guicciardin, peuvent bien du moins permettre d'attribuer à la ville de Harlem quelques-unes des anciennes productions xylographiques. Beaucoup de faits peu contestés ne reposent pas sur des fondemens plus solides.

7°. Après avoir publié des recueils d'images avec des textes fort courts, on ne tarda point d'appliquer l'imprimerie tabellaire à quelques livrets d'école et d'église. Tel fut sur-tout l'abrégé de grammaire connu sous le nom de *Donat*. Nous ne pouvons douter qu'il n'en ait été fait un assez grand nombre d'éditions xylographiques entre 1430 et 1460. Nous en avons distingué plusieurs qui passent pour être, les unes de Harlem, les autres de Mayence : il est possible que l'on en découvre encore qui soient différentes de celles que l'on a décrites ou indiquées jusqu'à ce jour (2).

---

(1) Lambinet, p. 95-107.
(2) Le citoyen van Praet a recueilli quelques frag-

8º. Les difficultés et les longueurs de l'imprimerie tabellaire, la presqu'impossibilité de l'appliquer à de grands ouvrages, ont dû inspirer l'idée des caractères mobiles. Les Strasbourgeois soutiennent que Guttemberg les a inventés, dans leur ville, avant 1442. Rien, à la vérité, ne prouve qu'il y ait imprimé un seul livre ; aucune édition aujourd'hui existante ne saurait être attribuée à la presse qu'il y avait construite : mais les pièces du procès qu'il y soutint en 1439 semblent nous le représenter occupé de la fabrication et de l'essai de certains types mobiles de bois ou même de métal ; c'est au moins l'interprétation la plus naturelle (1),

---

mens de cette grammaire, qu'il a trouvés dans des couvertures de vieux livres. Ces fragmens lui paraissent appartenir à des éditions différentes de celles qui sont annoncées par Meerman, Panzer et Fischer.

(1) Voici comment le citoyen Oberlin (*Exerc. de Bibl.*) p. 44) traduit les endroits du texte allemand qui semblent indiquer la mobilité des caractères :

« Va tirer les pièces de la presse, et décompose-
» les ; alors personne ne saura ce que c'est.... Il le
» pria d'aller à la presse, pour l'ouvrir avec les deux
» vis ; qu'alors les pièces tomberaient en séparation ;
» qu'il n'aurait qu'à mettre ces pièces en dedans au-

Analyse des opinions diverses quoi qu'en aient dit, après Fournier, les citoyens Lambinet et Fischer. On voit donc comment le titre de *berceau de l'imprimerie* pourrait être ou accordé ou refusé à la ville de Strasbourg : il s'agit de s'entendre sur la valeur d'une telle expression, sur la nature

---

» dessus de la presse, qu'alors personne ne pourrait
» rien voir ni deviner..... Guttemberg avait envoyé
» chercher toutes les formes.... elles furent décom-
» posées devant ses yeux, parce qu'il y avait quel-
» ques formes dont il n'était point content.....
» André Dritzehn s'était rendu caution en beaucoup
» d'endroits pour du plomb. »

Le citoyen Lambinet (p. 111) dit que *les mots du texte sont équivoques, et qu'il dépendra toujours de ceux qui connaissent l'art de les contourner à leurs sens ou à leurs préjugés.*

Le citoyen Fischer va plus loin; il dit, comme Fournier, que *les essais typographiques de Guttemberg à Strasbourg, n'étaient qu'une application de la gravure en bois.* Il soupçonne que le plomb mentionné dans l'enquête était destiné à des travaux d'un autre genre : par exemple, à la préparation des glaces, l'un des *arts merveilleux et secrets* dont Guttemberg s'occupait. Il observe que, même à Mayence, Guttemberg imprima d'abord avec des planches de bois, etc. (Pag. 30-36 de l'*Essai sur les monumens typogr. de Guttemberg*, an 10, in-4°.)

sur l'origine de l'imprimerie.

du fait qu'elle énonce. Dites, si vous voulez, que Strasbourg est le berceau de la véritable typographie, pourvu que vous ne prétendiez point que cette ville soit celle où parurent les premières productions de cet art; dites aussi qu'elle n'en est pas le berceau, pourvu que vous accordiez que c'est là pourtant que Guttemberg paraît en avoir d'abord essayé infructueusement les procédés.

9°. En 1445, Guttemberg retourne à Mayence sa patrie : là, quoique toujours occupé sans doute de l'essai des caractères mobiles, il exécute avec des planches de bois une ou plusieurs éditions (1) du *Donat* des

---

(1) J'ai déjà dit que les deux planches conservées à la Bibliothèque nationale pourraient bien appartenir à deux éditions différentes. L'une de ces planches a 20 lignes, et l'autre 16; il y a plus d'abréviations dans la première que dans la seconde, etc..... elles ont d'ailleurs entre elles beaucoup de ressemblances.

Une seconde édition du *Donat*, distincte de celle-là ou de ces deux-là, et xylographique comme elles, avait été aussi attribuée à Guttemberg par le citoyen Fischer, qui depuis a changé d'avis sur ce point. (Voyez *Magaz. encycloped.* septième année, t. III, p. 475; et l'*Essai sur les monumens typogr. de Guttemberg*, p. 64-75.)

écoles et celle des *Confessionalia*. Nous avons vu qu'il convenait de restreindre à ces opuscules la liste des livres publiés à Mayence avant 1450. Car, d'un côté, le témoignage d'Adrianus Junius sur un *Doctrinal* d'Alexandre de Dieu, imprimé dans cette ville avant le *Donat*, est fort suspect, et, de l'autre, la conjecture de Heinecken sur l'identité de ce même *Donat* avec l'*Abécédaire* et le *Catholicon* que l'on suppose du même temps, est extrêmement plausible, tant parce qu'il ne reste rien de cet *Abécédaire* et de ce *Catholicon*, que parce que l'énorme ouvrage de Jean de Balbi étoit une entreprise trop supérieure aux moyens de l'imprimerie tabellaire.

10°. Que Guttemberg, à Strasbourg avant 1445, à Mayence avant et après 1450, ait tenté d'imprimer avec des caractères mobiles de bois, on ne peut guère en douter. Deux écrivains, Speckle et Paulus Pater, ont vu, disent-ils, quelques-uns de ces anciens types, l'un au XVI° siècle, l'autre au XVII° (1);

---

(1) Speckle, dans sa *Chronique* manuscrite citée par Schragius, Mentel, etc. Wolf, *Monum. typogr.* t. II, p. 29, 264, 676, etc. — Paulus Pater, *ibid.*

Duhalde assure que les Chinois font quelqu'usage de ce genre de caractères (1) : nous sommes enfin plus sûrs encore que le citoyen Camus en a fait récemment fabriquer autant qu'il en fallait pour imprimer deux lignes. Les caractères métalliques sculptés sur lesquels nous n'avons ni la même expérience, ni autant de témoignages, sont néanmoins indiqués par Trithème (2), et par quelques mots de l'enquête de 1439 (3). Il n'y a pas jusqu'aux caractères *sculpto-fusi* de Meerman, qui, selon le citoyen Oberlin, ne soient à toute force admissibles, quoi qu'en ait pu dire Heinecken. Je ne conteste donc ni la possibilité de ces différens types, ni la

---

p. 705. L'ouvrage de Paulus Pater, *De Germaniæ miraculo*, n'a été publié qu'en 1710. Mais c'était plusieurs années auparavant qu'il avait vu des caractères de bois. *Cujusmodi ligneos typos ex buxi fruticæ perforatos in medio, ut zonâ colligari unaque jungi commodè possint, ex Fausti officinâ reliquos, Moguntiæ aliquandò me conspexisse memini.*

(1) Voy. ci-dessus, p. 112.

(2) *Æneos sive stanneos characteres.... quos prius manibus sculpebant.*

(3) Dritzhn s'était rendu caution en beaucoup d'endroite pour du plomb.

probabilité des tentatives faites par les premiers imprimeurs pour les employer (1).

---

(1) Reste à savoir encore si les caractères de bois vus jadis par Speckle et par Paulus Pater, si ceux qu'on a pu voir depuis, n'étaient pas des poinçons qui servaient à frapper des matrices. Le citoyen Fischer avoue (p. 42 de l'*Essai*, etc.) « que les caractères » à grands corps pouvaient être produits par l'enfon- » cement d'un poinçon de bois. »

Dans cet *Essai* (p. 66-75), le citoyen Fischer ne compte plus que quatre éditions du *Donat* publiées par Guttemberg; l'une en planches de bois, deux en caractères de fonte, une autre en caractères mobiles de bois. Il n'en présente plus aucune comme imprimée avec des caractères métalliques taillés, ainsi qu'il l'avait fait dans le premier numéro de ses *Curiosités typographiques*.

Ces variations du citoyen Fischer prouvent son impartialité; mais en même temps elles manifestent l'extrême difficulté de cette matière et l'incertitude de ce genre de conjectures. Rien n'est moins éclairci que ce qui concerne les anciennes éditions du *Donat*. On n'en saurait fixer le nombre; on ne sait d'une manière précise ni en quels lieux, ni en quels temps, ni par qui, ni par quels procédés elles ont été exécutées.

En parlant de l'édition du *Donat* en caractères mobiles de bois, le citoyen Fischer a soin d'avertir qu'*il ne donne pas son opinion comme certitude*, attendu qu'*il ne peut comparer que deux fragmens* de ce livre-

Mais à quels livres aujourd'hui subsistans peut-on dire qu'ils aient servi ? Serait-ce à

Mais il y observe des lettres renversées et des inégalités dans les caractères ; circonstances dont la première annonce des types mobiles, et la seconde des types non fondus. Quant à l'ancienneté de l'édition, il la conclut des mêmes circonstances, et de plus de ce que ces deux fragmens couvraient un compte commencé avant 1452. Il ajoute qu'il porte deux inscriptions manuscrites, l'une datée de 1451, l'autre avec la date de 1492. *Or*, dit-il, *si on a couvert de ces feuilles un cahier écrit de 1451 à 1492, le livre dont elles font partie existoit vers 1450.*

Les réponses se présentent d'elles-mêmes. 1°. Le cahier dont il s'agit a fort bien pu n'être couvert de ces feuilles que long-temps après avoir été commencé, et l'on a pu à toute époque inscrire sur les deux parties de sa couverture des dates relatives aux premiers et aux derniers des comptes qu'il contient. Il est sans doute assez facile de reconnaître que l'écriture de la première date est du quinzième siècle; mais qu'elle soit précisément de 1451 plutôt que de 1461, ou même de 1471, etc. on n'a certainement aucun moyen de s'en assurer. 2°. Les différences légères que l'on remarque entre les *a*, entre les *c*, etc. peuvent s'expliquer, non seulement par l'altération que certaines lettres ont dû éprouver sur des feuilles qui servaient de couverture à un cahier de comptes, mais encore et principalement par la mauvaise qualité de l'encre

des Donats, à des Abécédaires ? Mais n'était-il pas plus simple, plus court même et plus économique de sculpter de pareils livrets sur des planches fixes, pour en tirer à volonté un nombre indéfini d'exemplaires, que de tailler péniblement sur le métal ou sur le bois tant de lettres mobiles, difficiles à disposer et à contenir ? Dans l'alternative d'imprimer ou avec des poinçons ou avec des planches solides, le dernier procédé ne devait-il pas prévaloir à l'égard des petits livres d'un grand débit, semblables sous ce point de vue à ceux pour lesquels la stéréotypie (1) a été substi-

---

Le noir, dit le citoyen Fischer, *n'est pas huilé, et ne résiste point à l'eau ; l'impression n'a pu rendre ces caractères qu'imparfaitement, et la plume a été obligée d'y suppléer.*

Supposez donc des caractères mal fondus, provenans peut-être de différens essais de fonte, employés ensuite avec peu de soin à l'impression d'un livret d'école ; supposez une mauvaise encre, des lettres imparfaitement empreintes sur le vélin, corrigées et achevées à la plume, altérées encore par tous les accidens auxquels est exposée la couverture d'un cahier de comptes, et il n'y aura pas lieu de s'étonner de quelques inégalités.

(1) Tous les avantages des planches solides et des

tuée de nos jours aux caractères de fonte eux-mêmes ? C'était bien plutôt à de grandes entreprises que Guttemberg et ses collaborateurs destinaient les caractères mobiles dont la recherche et la fabrication les occupaient sans cesse, mais que, selon toute vraisemblance, ils n'ont employés efficacement que lorsqu'ils ont su l'art de les fondre.

11°. La Bible sans date, à quarante-deux lignes par colonne, est une production de la société de Guttemberg et de Faust entre

---

caractères mobiles paraissent réunis dans la stéréotypie, sur-tout dans celle que pratique le cit. Herhan. Cet artiste n'emploie en effet que des poinçons, des matrices mobiles et des clichés ou lames solides ; de sorte qu'entre l'ouvrage manuscrit et l'ouvrage imprimé il n'y a pas plus d'intermédiaires que dans la typographie ordinaire. La composition se fait sur les matrices mêmes ; c'est avec elles que l'on forme des mots, des lignes et des pages, en disposant les lettres dans le sens direct. Le cliché reçoit à rebours et en relief les empreintes d'une page ainsi composée, et se place immédiatement sous la presse, pour les communiquer au papier. On conserve les clichés, on les corrige, avec une extrême facilité. La stéréotypie était un progrès de l'art typographique ; mais l'ingénieuse invention du citoyen Herhan est, ce semble, un progrès de la stéréotypie elle-même.

1449 et 1455; elle est encore l'un des premiers fruits (1) de la mémorable invention des caractères de fonte. Ces deux faits du moins sont reconnus par la plupart des bibliographes. Le premier, quoique contesté par le citoyen Lambinet, semble résulter assez clairement du récit de l'historien Trithême; le second, nié par Fournier, est une conséquence presque nécessaire des réflexions que le même historien suggère sur l'énormité des frais que l'emploi de caractères non fondus eût exigés (2). On pourrait invoquer aussi l'examen des exemplaires : mais il faut convenir qu'il y a souvent bien de la témérité à prétendre deviner, à l'inspection d'un ouvrage, les moyens employés pour l'exécuter. Les yeux les plus exercés

---

(1) Il est fort douteux que la lettre de Nicolas V, imprimée avec des caractères semblables à ceux du *Rat. Durandi* de 1459, ait paru avant la première *Bible* sans date ; mais, quand il en serait ainsi, cette *Bible* avait été sûrement commencée auparavant.

(2) Les premiers cahiers sont de 4 feuilles (*quaterniones*, dit Trithême); chaque feuille a 4 pages ou 8 colonnes, chaque colonne 40 lignes, chaque ligne 30 à 35 lettres. Il eût donc fallu plus de 40,000 lettres sculptées pour imprimer un seul cahier.

s'y méprennent, et l'on voit en cette matière les amateurs, les savans, les antiquaires, les artistes même, prononcer avec autorité des jugemens contradictoires. Ecoutez, par exemple, sur les premières Bibles, le fondeur de caractères Fournier, l'habile Heinecken, l'érudit Meerman ; ils vous répondent qu'il leur a suffi d'examiner ces éditions pour se convaincre qu'elles ont été faites..... comment ? avec des caractères de bois, selon Fournier ; avec des caractères métalliques, taillés, ou du moins *sculpto-fusi*, selon Meerman ; avec des caractères de fonte, selon Heinecken. Cette dernière opinion est bien à tous égards la plus raisonnable ; mais c'est par les témoignages et par la considération des difficultés de tout autre moyen qu'elle est principalement prouvée.

12º. Plusieurs écrivains disent que Schoeffer est l'inventeur des caractères de fonte : mais Trithème, qu'ils citent à l'appui de cette opinion, semble bien plutôt la contredire ; Trithème qui, pourtant de tous les témoins qu'on peut entendre sur cette question, est bien celui qui prend le vif intérêt à la gloire de Schoeffer ; Trithème qui d'ailleurs se déclare instruit par Schoeffer lui-même sur tous les détails de cette découverte. Quel est le récit de cet historien ? c'est de Guttemberg et de Faust qu'il nous parle d'abord ; c'est d'eux qu'il dit qu'ils imaginèrent des matrices pour fondre des caractères de métal (1) : ce n'est qu'après nous les avoir représentés, Faust et Guttemberg, occupés des premiers essais de cet art, et luttant contre les difficultés, qu'il prononce enfin le nom de Schoeffer, et qu'il amène cet ingénieux artiste pour découvrir seulement une manière plus facile de fondre les caractères (2) ; en un mot, pour achever, pour consommer l'art, et non pour l'inventer. Il y a plus de cent ans que Tentzel (3) a interprété ainsi les paroles de Trithème. Il est difficile de concevoir comment l'on a continué de leur donner un autre sens ; mais je crois utile d'observer que Meerman, qui avait fait

---

(1) . . . . *Invenerantque modum fundendi formas, quas ipsi matrices nominabant, ex quibus rursùs æneos sive stanneos characteres fundebant.....*

(2) *Faciliorem modum fundendi characteres excogitavit, et artem, ut nunc est, complevit.*

(3) *Dissert. de inventione typogr.* 1700. in-12. (Voy. ci-dessus, p. 52.)

aussi (1) sur ce passage un commentaire tendant à déclarer Schoeffer le créateur de la fonte des types métalliques, s'est ensuite servi de ce passage même pour prouver que Schoeffer ne les a point inventés (2).

13º. En 1455, la société de Guttemberg et de Faust est rompue. Restés maîtres de la première imprimerie de Mayence, Faust et Schoeffer publient et souscrivent de leurs noms les Psautiers de 1457 et de 1459, le *Durand* de 1459, les *Clémentines* de 1460, la *Bible* de 1462, etc. (3). Pour Guttemberg,

---

(1) *Orig. typogr.* t. I, p. 184.

(2) *Orig. typogr.* t. I, *Observ. noviss.* p. 48. Là Meerman rejette formellement l'explication qu'il a donnée dans son premier volume : *Non placet altera longiùs petita explicatio quâ anteà usus sum.*

(3) Le citoyen Fischer, p. 89 et 91 de l'*Essai sur les mon. typogr.* etc. attribue aussi à l'imprimerie de Faust et de Schoeffer, séparés de Guttemberg :

Un in-4º de 145 feuilles : *Spiegel der Wollkommenheit* ;

Un *Diurnal de Mayence*, in-12, inconnu jusqu'à présent ;

Et 12 feuillets in-4º : *Leon. Aretin. ex Bocac. vulg. Tancredi filiæ Sigismundæ amor in Guiscardum.*

Le premier de ces trois articles est du même carac-

son nom ne paraît dans la souscription d'aucun livre; mais ce n'est pas sans quelque vraisemblance qu'on lui attribue le *Catholicon* de 1460, et quelques autres éditions (1).

---

tère que le *Durand* de 1459; les caractères du second et du troisième ressemblent à ceux de la *Bible* de 1462. Würdtwein (p. 88) ne place le troisième que sous l'année 1466.

(1) Les éditions que le citoyen Fischer (*Essai*, etc. p. 79-88) attribue à Guttemberg, après les quatre *Donats* et la *Bible* sans date, sont:

1°. *Hermanni de Saldis speculum sacerdotum*, 16 feuillets in-4° sans date, mais avec l'indication de la ville de Mayence. Édition inconnue jusqu'ici.

2°. *Tractatus de celebratione missarum*, 30 feuillets in-4° sans souscription, mais du même caractère que l'article précédent.

Comme le caractère de ces deux éditions ressemble à celui que Schoeffer a employé dans le *Scrutinium scripturarum*, on peut douter qu'elles soient de Guttemberg. Il y a au moins fort peu d'apparence qu'elles aient précédé la dissolution de la société de Guttemberg et de Faust. On ne voit pas pourquoi on les jugerait antérieures aux trois articles suivans.

3°. *Catholicon*; Moguntiæ, 1460. in-fol.

4°. *Mathæi de Cracovia tractatus rationis et conscientiæ*, 22 feuillets in-4° sans date et sans indication de lieu; caractère du *Catholicon*.

5°. *Thomas de Aquino, de articulis fidei*, 12

sur l'origine de l'imprimerie.

14°. La prise de Mayence, en 1462, est sans contredit la principale époque de la

---

feuillets in-4° sans indication de lieu ni de temps, mais du même caractère que les deux articles précédens. — Seemiller (I, 167) ne place toutefois cette édition que vers 1740.

Le citoyen Fischer ne joint pas à ces éditions celle des *Statuts de Mayence*, laquelle est pourtant attribuée à Guttemberg par plusieurs bibliographes (Meerman, t. I, p. 139. — Panzer, t. II, p. 138, etc.) Ce livre a été imprimé en Italie vers 1480, selon le citoyen Fischer, qui fonde principalement cette conjecture sur ce qu'on trouve dans cette édition de petites initiales destinées à guider l'enlumineur ; *méthode qui, dit-il, n'a été en usage qu'en Italie*. J'observerai, 1°. que cette méthode est beaucoup plus ancienne, puisqu'il y a de ces petites initiales dans la première édition de Tacite, publiée vers 1469 ; 2°. que l'Italie n'est pas le seul pays où on l'ait pratiquée, puisqu'elle l'a été, par exemple, à Paris, par Pierre Cesaris, dans son édition du *Manipulus curatorum*, en 1473 ; à Nuremberg, par Regio-Montanus dans la première édition de Manilius, vers 1472, etc.

L'acte souscrit par Guttemberg en 1459, et celui que Conrad Hunery a signé en 1468, donnent tout lieu de croire que Guttemberg, après la dissolution de sa société avec Faust, établit à Mayence une seconde imprimerie, à laquelle il est assez naturel de rapporter toutes les éditions citées dans cette note, y

dispersion des ouvriers de Guttemberg et de Faust, et par conséquent de la propagation de l'imprimerie en Italie et en Allemagne. On a cependant lieu de croire qu'il s'était déjà formé en deux ou trois villes des établissemens typographiques. Un livre de Bamberg est daté de 1461. Le *Speculum salutis*, exécuté en partie avec des planches de bois, en partie avec des caractères de fonte, est peut-être antérieur à 1460 ; et si c'est un ouvrier de Guttemberg ou de Faust qui l'a imprimé, comme Heinecken le suppose (1),

compris celle des *Statuts de Mayence*. On dit qu'en 1465 Guttemberg, *honoré des faveurs d'Adolphe, et reçu au nombre des gentilshommes de la maison de cet électeur, avec une pension honnête, abandonna totalement la presse, et qu'il en permit cependant l'usage à ses aides, qui publièrent le vocabulaire ex quo*, etc. C'est rendre un hommage à l'inventeur de la typographie que de douter qu'il ait ainsi renoncé à son art et à sa gloire. Il est vrai qu'il n'a souscrit aucune édition après 1465 ; mais il n'en avait jamais souscrit auparavant, et il est fort difficile de deviner pourquoi il s'en étoit abstenu. Il faut observer d'ailleurs que l'époque précise de son décès n'est point connue. Il était mort avant le 24 février 1468 ; il l'était peut-être avant le 4 novembre 1467, date de la souscription du premier vocabulaire *ex quo*.

(1) *Idée d'une collection d'estampes*, p. 447.

il y a peu d'apparence que cet ouvrier fût établi à Mayence. Enfin, quoique nous n'ayons aucune édition de Mentellin datée antérieurement à 1473 (1), et quoiqu'assu-

(1) *Vincentii Bellovac. Specul.* Le citoyen Fischer (*Essai sur les mon. typogr.* p. 36), cite comme datée de 1466 la *Bible* dont Schoepflin a donné un *specimen* (*Vindic. typogr.* tab. 3), *Bible* à la fin de laquelle on lit (dans l'exemplaire du Consistoire de Stutgard) une souscription qui énonce, avec la date de 1466, les noms de la ville de Strasbourg et de Jean Mentel. Le citoyen Fischer a fait graver de nouveau cette souscription, dans laquelle le mot *quinquagesimo*, effacé, est remplacé par *sexagesimo*; « correction, dit ce bi-
» bliographe, qui n'eût pu être faite de cette manière
» avec des caractères mobiles, même en bois......
» Ainsi, quoique depuis long-temps on se servît à
» Mayence de caractères mobiles, Mentel n'employa
» (en 1466, à Strasbourg) que des planches fixes. »

J'ignore pourquoi le citoyen Fischer n'avertit pas que Schoepflin cite cette souscription, non comme imprimée, mais comme ajoutée par l'enlumineur. *Mentelius...... temporis et impressoris notitiam non ipse typis expressit, sed calligraphus, litteras capitales et rubricas totius libri cùm coloribus scriberet, calci ejus rubro hæc subjecit colore.* (*Vind. typogr.* p. 42.) Schoepflin avoue dans une note qu'en 1470, trompé par Schwarz, il avait indiqué cette souscription comme imprimée; depuis, de meilleurs renseigne-

rément on ne puisse être tenté de le déclarer l'inventeur de la typographie, d'après les seuls témoignages de son petit-fils Schott et de quelques écrivains complaisans dont ce Schott imprimait les œuvres; cependant le témoignage de la chronique publiée, en 1474, par Philippe de Lignamine, autorise à penser que Mentellin a pu faire paraître à Strasbourg, avant 1462, quelques-unes des éditions sans date que l'on a coutume de lui attribuer.

Maintenant, s'il faut résumer en peu de mots toutes ces probabilités, je dirai que l'imprimerie tabellaire, qui existait depuis long-temps à la Chine, paraît avoir été appliquée par les Européens à l'impression des cartes et des images, vers la fin du quatorzième siècle, au moins dès le commencement du quinzième;

Qu'avant 1440, on avait imprimé de cette manière, soit dans Harlem, soit ailleurs,

---

mens la lui ont fait reconnaître pour manuscrite. L'erreur appartenait peut-être à Schoepflin plus qu'à Schwarz, qui avait dit, *Typis miniatis*. (Voy. Vogt, *Catal. libr. rarior.* Hamburgi, 1753. in-8°. p. 97.— D. Clément, t. III, p. 324, etc.) Quoi qu'il en soit, Braun (*Notitia de libris*, etc. fascic. 1, p. 6) fait observer aussi que cette date n'est écrite qu'à la main.

d'abord des recueils d'images avec de courtes inscriptions, puis des livrets d'église ou d'école, spécialement des *Donats*;

Qu'avant 1440 aussi, Guttemberg avait conçu à Strasbourg l'idée des types mobiles; mais que cette idée n'a donné lieu, dans Strasbourg et ensuite dans Mayence, qu'à des essais pénibles, dispendieux et improductifs, tant que les lettres n'ont été que sculptées sur le bois ou sur le métal;

Qu'on ne saurait désigner aucun livre comme imprimé par Guttemberg à Strasbourg, et que les *Donats* qui passent pour être sortis de sa presse à Mayence, avant 1449, n'appartiennent qu'à l'imprimerie tabellaire;

Qu'ainsi tout livre imprimé avant 1457, l'a été ou par des planches de bois, ou par des caractères de fonte, tels que les nôtres : caractères inventés vraisemblablement par Guttemberg ou par Faust, perfectionnés sans nul doute doute par Schoeffer, et employés pour la première fois par Schoeffer, Faust et Guttemberg à l'impression de la Bible sans date, de 637 ou 640 feuillets.

Ce sont-là, je le répète, non des faits positifs, démontrés, incontestables, mais de simples conjectures. Il ne faut pas s'en étonner. Les commencemens de la plupart des choses humaines sont environnés de pareils nuages, et il y a même plus d'un art dont l'origine est encore beaucoup moins connue que celle de l'imprimerie. Heureusement l'utilité et l'intérêt des recherches historiques ne dépendent point de la certitude de leurs résultats. Tout examen est profitable, parce que toute erreur est un dommage, même celle qui consiste à déclarer évidente une opinion d'ailleurs plausible. C'est le penchant à prendre ainsi une trop haute idée de plusieurs de nos connaissances, qui engendre les vaines prétentions, les longues querelles, l'intolérance ou la discorde. Il est assurément des objets sur lesquels le doute n'est qu'ignorance et obstination : mais le doute éclairé est aussi une science, et c'est la plus pacifique. Il me semble au moins que le scepticisme que certaines discussions historiques provoquent ou entretiennent, n'est ni la moins douce ni la moins saine habitude que l'esprit humain puisse contracter.

FIN

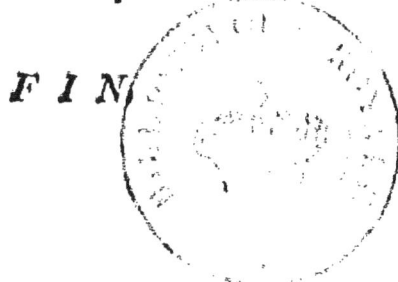

www.ingramcontent.com/pod-product-compliance
Lightning Source LLC
Chambersburg PA
CBHW060144100426
42744CB00007B/898